惟妙惟肖的

立体花朵贺卡制作

〔日〕山本惠美子 著　　甄东梅 译

Blooming Cards for Greeting

河南科学技术出版社
·郑州·

目 录

Pop Up Card

弹出式贺卡

Decoration Card

装饰贺卡

SILHOUETTE CARD

剪纸贺卡

GREETING CARD

节庆贺卡

Pop Up Card

弹出式贺卡

弹出式贺卡就是当你
将贺卡展开时，
造型美丽的花朵就会
一下子跳到你的眼前，
仿佛能够听到贺卡打开那一瞬间的
“哇”的欢呼声。

靠近看的话，美丽的成品简直可以以假乱真。

弹出式玫瑰贺卡

玫瑰贺卡，每片花瓣都很漂亮。最重要的一点是，左右两侧的花瓣要分别制作，然后粘贴到贺卡的中心位置。请挑选自己喜欢的颜色，试着制作一朵只属于你的玫瑰吧。

制作方法 < p.48、p.66

卷曲的花瓣再现了花朵盛开时生动的形态。

弹出式牡丹贺卡

薄薄的花瓣仿佛重叠在一起，翩翩起舞的样子正是牡丹美丽、独特之处。用浅色的折纸制作的话，会更加引人入胜。基础制作方法和弹出式玫瑰贺卡是相同的，只是在花瓣的形状上稍微做些改动而已。

制作方法 < p.51、p.67

远远地看着它，心情也会跟着平静下来。

弹出式睡莲贺卡

这款作品给人的感觉就是在幽静的莲花池水面轻轻地绽放的睡莲。作品整体展现出来的就是一种温和的恬静。将花蕊的边缘部分裁剪成细细的丝状，就能营造出一种灵动感，和实物看起来也更相似。荷叶可以按照自己喜欢的方法进行粘贴、分布。

制作方法 < p.51、p.65

把同色系的花瓣组合到一起的话，能做出康乃馨的立体感。

弹出式康乃馨贺卡

这款弹出式康乃馨贺卡是将 4 个花瓣分别粘贴在上下两侧。折叠花朵的时候一定要认真、仔细，这是最重要的一点。花瓣前端的锯齿形，即使不能按照纸型裁切也没有关系。

制作方法 < p.52、p.68

打开贺卡，仿佛一阵春风扑面而来。

弹出式蒲公英贺卡

这次我试着把质朴、可爱的蒲公英做成了弹跳式贺卡。如果再加上叶子的话，能够使蒲公英的俏皮、可爱感更加凸显。制作方法和康乃馨一样。

制作方法 < p.52、p.68

花萼用同色调的折纸制作，也是非常有特色的。

弹出式绣球花贺卡

折叠出很多小的花萼之后粘贴成球形，可以制作出弹跳感更强的作品。黏合剂不用涂太大的面积，只在花瓣接触的部分涂上一点即可，这样才会有蓬松的感觉，这也是作品制作的要点之一。

制作方法 < p.53、p.69

在花朵的中心粘贴上花蕊，就变成了弹出式大波斯菊花束贺卡。

弹出式大波斯菊花束贺卡

用五颜六色的大波斯菊做成一束鲜花，就是一件最适合庆祝节日的华丽作品。因为贺卡折叠起来的时候花瓣会很密集，所以在粘贴的时候要注意重叠的部分。

制作方法 < p.54、p.69

Decoration Card

装饰贺卡

将做成立体状的花朵
粘贴在贺卡上，
就制作成了装饰贺卡。
每朵花的制作过程
都比它们看起来的要简单得多，
所以这也是我希望你们
挑战的一款贺卡。

逼真的花朵，让人不由地想去闻一闻这花香。

玫瑰与衬花的贺卡

玫瑰仿佛散发着优雅的气息。虽然第一眼看上去制作方法可能很难，其实制作工序出乎意料地简单。衬花要用突出的深色调，藤蔓和叶子如果用烟熏色的话，完成品就会有一种成熟的韵味。

制作方法 < p.55、p.70

白色花朵贺卡

蒂芙尼蓝色贺卡上，装饰着一朵朵洁白的小花。和缎带搭配在一起，作为礼物的感觉更强烈，让人感到兴奋。注意贺卡的搭配，同时可以把珍珠粘贴到贺卡上。

制作方法 < p.58、p.71

花朵本身的制作是非常简单的，
也很适合制作迷你贺卡。

太阳花和金光菊贺卡

太阳花

金光菊

金光菊是原产于北美的花，与太阳花非常相似，但是花瓣偏少，是朴素却很可爱的一种花。使用色彩强烈的暖色系折纸制作的话，整体的效果会更好一些。

制作方法 < p.59、p.71

大丽花贺卡

大丽花的色调，有一种潇洒、沉着的韵味在里面。将花瓣密密地重叠到一起，整体的华贵感就会油然而生。粘贴在中间的花朵，重点就是要做出完美的弧形效果。再加上衬花和缎带的话，特别适合庆祝秋冬季节的活动。

制作方法 < p.60、p.72

花环贺卡

将散发着柔美气息的小花朵排成花环状。小花朵的做法很简单，然后在贺卡上贴上纸带，就像花篮一样。

制作方法 < p.61、p.89

康乃馨贺卡

这个贺卡与弹出式贺卡不同的是，重叠的花瓣就和真花一样。这是因为在花瓣上形成了很多的脉络，使其更加逼真。如果再搭配上白色的衬花和纸质的带子就会特别的可爱。

制作方法 < p.62、p.73

粘贴两朵花时，中间要留有缝隙。

世界上独一无二的贺礼袋。

东方花束贺礼袋

在圆形的底座上，把色调鲜艳的小花朵粘贴成球形，就制作出了贺礼袋的装饰，重点是要加上流苏。如果用单一的白色纸制作的话，就是混合的西洋风格了。

制作方法 < p.63、p.73

就像把真花制作成贺卡一样。

花束留言卡

将玫瑰、太阳花、康乃馨和茎搭配到一起，制作留言卡。这种留言卡不仅外观美丽，而且制作的过程也是很快乐的，所以可以在各种不同的场合使用。如果将花朵扎成花束形状，应该能够成为特别难忘的回忆吧！

制作方法 < p.74

在背面贴好的贺卡上写上留言，装饰在房间中也特别棒。

Silhouette Card

剪纸贺卡

只需要把按照图案裁剪好的
各个部分粘贴起来，
就能够完成简单的贺卡。
作为节庆的问候或者
小礼物再合适不过了。
都是小东西，
收到的人不会有什么负担，
所以可以比较轻松地送给对方。

南天竹

凉凉的空气中，挂满红色果实的南天竹迎风而立。圆形的部分如果使用打孔器的话，很容易就可以制作出来。

制作方法 < p.75

梅花

宣告早春到来的梅花，在制作的时候不需要完全按照纸型裁剪。最好是自己去观察真实的树枝形状之后，再进行裁剪。

制作方法 < p.75

春天的花朵（油菜花、节节草、白色三叶草）

春天原野里的小野花，非常质朴、可爱。颜色的选择对于花朵营造春季特有的那种暖暖的感觉很重要。如果选择带有晚霞色的折纸的话，还能营造出非常柔和、温馨的氛围。

制作方法 < p.76

牵牛花

在清爽的夏日清晨尽情绽放着的牵牛花，非常适合作为暑期的问候，仿佛是在炎炎夏日吹来的一阵凉风。

制作方法 < p.77

向日葵

沐浴着阳光，竭尽全力盛开的向日葵总让人觉得活力满满。中间部分的网格，制作得更加密集一些也是完全没有问题的。

制作方法 < p.77

落叶

炎热的日子悄然过去，秋天的脚步慢慢地到来。欣赏枫叶和五颜六色的各种落叶才是秋天的乐趣。在制作落叶的时候要小心地折出树叶的脉络。

制作方法 < p.78

一品红

当听到“叮叮当，叮叮当”的铃声时，我们就可以开始为圣诞节做准备了。只需要简单的粘贴就能完成这款贺卡，所以非常适合和小朋友一起制作。

制作方法 < p.79

春天的小野花贺卡

这款贺卡就是把春天原野上的各种小野花搬到了纸上。如果用有深浅颜色区别的折纸制作的话，完成品就会呈现出层次感。在制作这款贺卡的时候，我们常常会把在野外翩翩起舞的蝴蝶画在上面。

制作方法 < p.80

秋天的小野花贺卡

这是一款可以体会到秋季丰收喜悦的贺卡。因为是简单的剪影，各个小部分的制作也很简单。请把这些小野花和颜色较深的贺卡搭配到一起，尽情地享受深秋的乐趣吧！

制作方法 < p.81

GREETING CARD

节庆贺卡

用花朵点缀各种节庆活动的贺卡，
漂亮的贺卡，
很适合作为小礼物送给别人，
打开贺卡，
立体装饰呈现在眼前。

新年贺卡

梅花和水引线搭配，这是充满了新年新气象和祝福长寿的贺卡，粘贴在三角形底座上的花片是一种立体的设计。

制作方法 < p.82

情人节贺卡

把浓浓的思念之情融入折叠的心形里，对方打开贺卡的瞬间就能看到粘贴在中间底座上的爱心，该多么开心呀！底座的花朵不论用同色系的折纸还是彩色的折纸都是非常美丽的。

制作方法 < p.83

入园入学贺卡

将祝福融入盛开的樱花花瓣中，当对方打开折叠的贺卡时，
粘贴在两侧的花瓣就会一跃而起。

制作方法 < p.84

父亲节、母亲节贺卡

这款弹出式贺卡是用两片花瓣制作的，可以用康乃馨，也可以用其他花朵。如果和有可爱花纹的胶带搭配装饰，就可以非常轻松地做出可爱的图案。

制作方法 < p.85

打开贺卡的话……

万圣节贺卡

不给糖就捣蛋，为了不被恶作剧，事先准备一些点心绝对是明智的。这是一款非常有趣的南瓜灯贺卡，还附带有口袋，可以放入巧克力、糖果等。

制作方法 < p.86

圣诞节贺卡

这款贺卡充满了圣诞节的气息，打开贺卡就会弹出美丽的圣诞花环。这是一款想早早送给对方，希望对方一直装饰到圣诞节的贺卡。

制作方法 < p.88

礼物盒贺卡

粘贴一个简单的正方形底座，就能够制作出这个礼物盒贺卡了。弹出式的小花朵也是流行的时尚元素。

制作方法 < p.90

生日蛋糕贺卡

在一个豪华的三层生日蛋糕上装饰的贺卡，被蛋糕和可爱的花朵包围，收到礼物的这一天，一定是非常快乐的一天。

制作方法 < p.91

婚礼贺卡

一朵纯净、迷人的美丽百合悄悄绽放，这绝对是最适合送给新娘的贺卡。在人生最美好的这一天，还可以再赠送一些代表爱情的礼物。

制作方法 < p.92

华丽的百合一下子弹出来了。

婴儿鞋贺卡

把给宝宝穿的第一双可爱的鞋子做成贺卡，挂在玄关作为装饰的话，一定能体会到满满的幸福感。

制作方法 < p.94

材料和工具

开始制作之前

在开始制作作品之前，请确认一下手头需要准备的基本工具、材料和制作顺序。

基本工具

为大家介绍制作本书中作品时需要使用的基本工具。

剪刀

裁剪细小部位的时候使用，用一般的剪刀也可以。

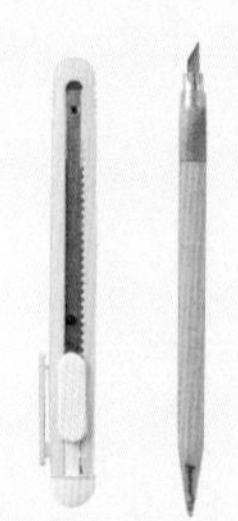

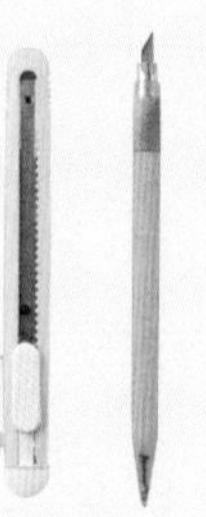

美工刀（左）
设计刀（右）

剪牙口的时候，或者在小部件上挖洞的时候使用。

铅笔、橡皮擦

用来绘制图案和标记。

木工用白乳胶、胶棒

黏合剂推荐木工用的晾干后变得透明的白乳胶。需要使用胶水时，用胶棒会更方便。

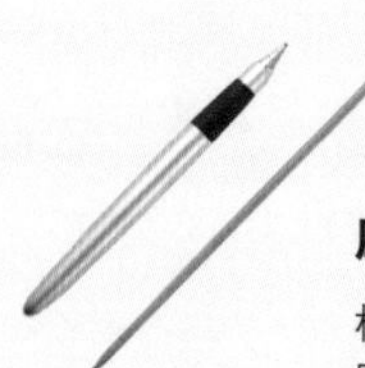

压纹手写笔

标记花朵、绘制叶子的脉络等的时候使用。不一定必须是专业的工具，只要是尖端有细小圆形的东西就可以。用编织用棒针或者圆头的筷子也没有问题。

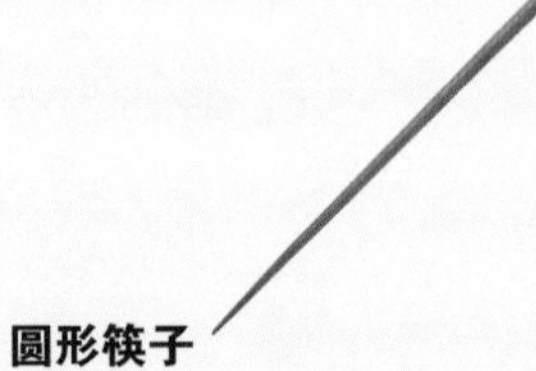

圆形筷子

把花瓣或者叶子做出弧度的时候使用。

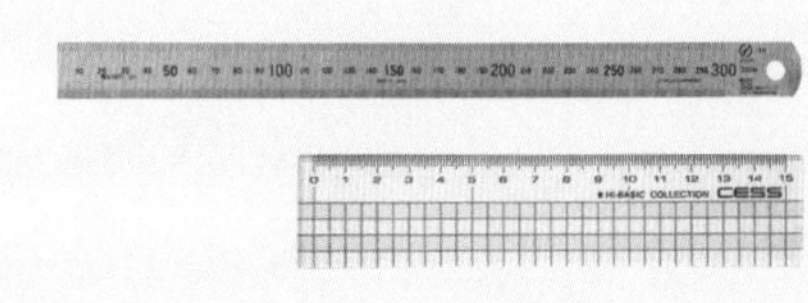

尺子

画直线或者做标记的时候使用。准备一长一短两把的话会更方便。

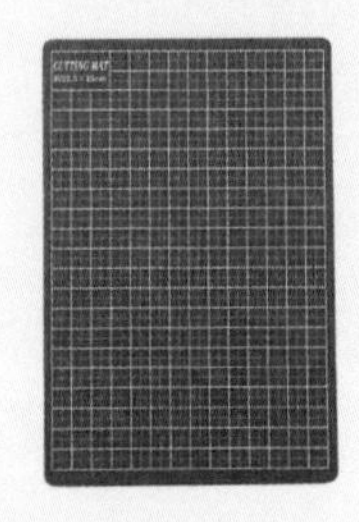

裁切垫

使用美工刀切割时将其垫在下面。

不织布

在为花朵和叶子制作脉络的时候使用。

牙签

在给小部件涂抹黏合剂的时候或者卷细小的部件时使用。

遮蔽胶带

固定纸型的时候使用。

如果有这些工具会更方便

打孔器

打圆孔时非常方便。

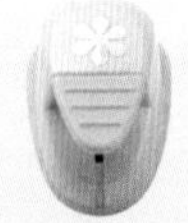

工艺打孔器

可以很简单地打出各种形状的孔。

镊子

粘贴细小的部件时使用。

本书中使用的折纸

本书主要使用了以下纸张。
100~160g 的折纸使用起来较容易上手。
虽然纸张的种类和厚度不同，多少会有差异，
但是完成时不会出现很大的差异。
请根据自己的喜好来选择。

丹迪纸（TANT）

质地好，韧性强的折纸。150种颜色，
丰富的变化也是其魅力所在。
本书使用的厚度：100g

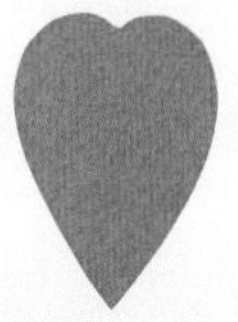

彩色植绒纸（MERMAID）

正面有植绒（毡子），所以有凹凸的图案。因
为折纸的质地比较厚，完成品看着会很结实。
本书使用的厚度：153～160g

五感纸

是一种质地薄而粗糙的压花纸，具有良好的韧
性和弹性。
本书使用的厚度：160g

NT 罗纱纸

这款折纸的特点是柔软、质朴，带有粗糙感。
质地略显蓬松，而且颜色和厚度的种类也很丰
富。
本书使用的厚度：100g

里纸

一款极具日本四季风情、色调简单的折纸。
本书使用的厚度：130g

ECO JAPAN R

质地柔软的压纹折纸。显色也是比较鲜艳的。
本书使用的厚度：100g

缪斯棉纸（MYUZN COTTON）

薄薄的条纹状凹凸图案是这款折纸的特色。
本书使用的厚度：118g

要点

折纸的选择方法

折叠花朵时的用纸，最好选择克重为100g左右的，使用起来更容易，成品也会更美观。
但是，使用90g左右的纸，或者比这个还稍微厚一点的折纸也是可以的。
决定好了想要做的主要的花朵颜色之后，再选择能够衬托这个颜色的贺卡的颜色，之后
再决定衬花和叶子的颜色。请按照自己的喜好选择颜色，制作独一无二的贺卡吧！

其他的材料

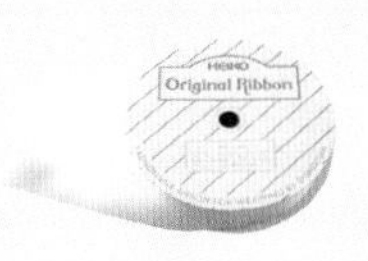

缎带

彩色纸或者蕾丝纸

纸带

珍珠

基本技巧

图案的画法

● **制作相同形状的小部件时**　需要制作好几片相同形状的小部件时使用的方法，比如制作花瓣。

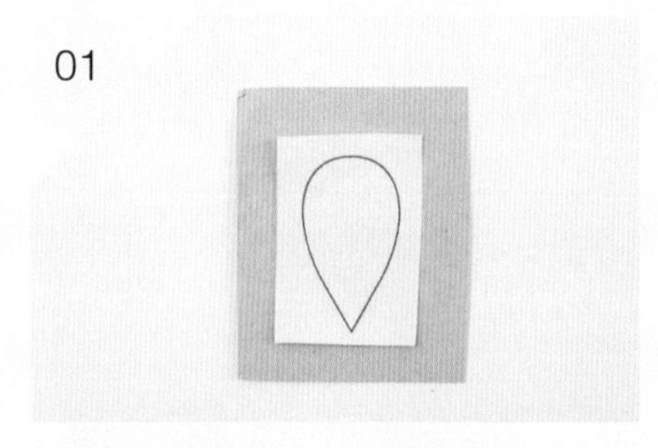

把纸型描绘在纸上，裁剪成合适的大小，然后粘贴到硬纸板上。

再沿着图形裁剪。

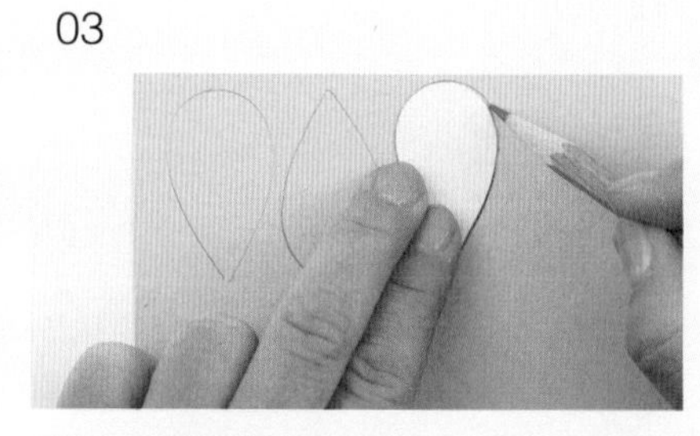

在制作作品的纸上描绘形状。布置的时候尽量不要浪费纸。

按照形状剪下来。剪的时候，最好是一边转动折纸一边裁剪。

● **只需要一个小部件时**　如果只需要一个小部件的话，按照下面的方法准备。

把纸型描绘在纸上，裁剪成合适的大小。

用遮蔽胶带等把图案临时固定在纸上。

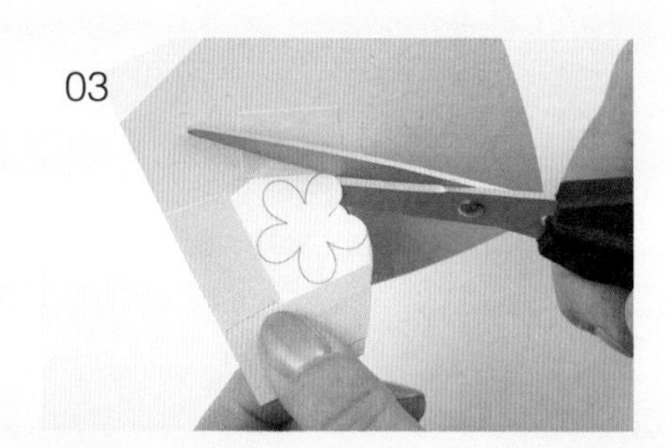

沿着图案线裁剪。

基本技巧

● **弯折** 如果把花瓣或者叶子弯折成圆形，成品就会变得更加立体、更加逼真。

01

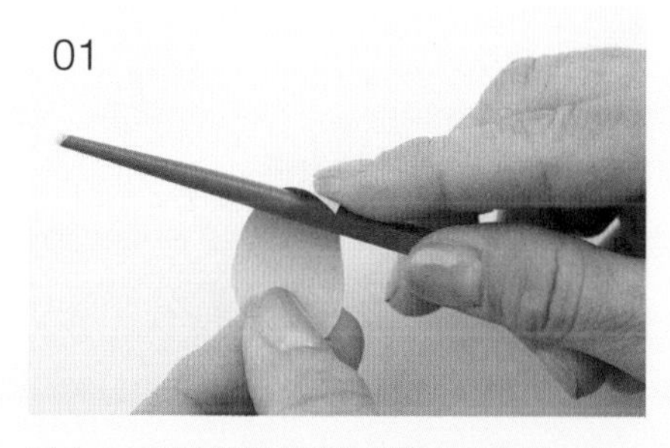

基本上，所有花瓣的根部都是向内弯折。将花瓣的根部卷在圆形筷子上，用指腹压着，使其卷曲。

02

将筷子放在花瓣上，将上下、左右卷出自然的弧度。

03

卷出卷曲之后的状态。卷曲的方向和程度可以参照制作方法。

要点

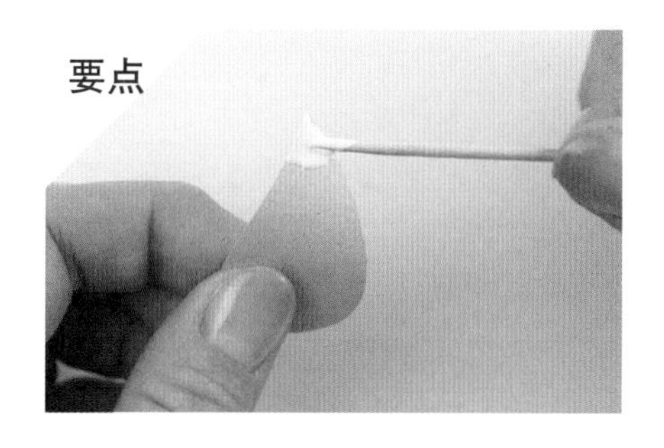

黏合剂的涂抹方法

在花瓣上涂黏合剂的时候，基本上都是用牙签在根部涂上薄薄的一层。注意涂抹的时候不要全都堆在一起，涂的时候要薄且均匀。另外，在组合花朵的时候，如果黏合剂还没有完全干燥，可以先把花撕下来重新粘贴，注意搭配的平衡。

● **画出脉络** 当在叶子或者花瓣上画脉络的时候，在下面垫上不织布。

01

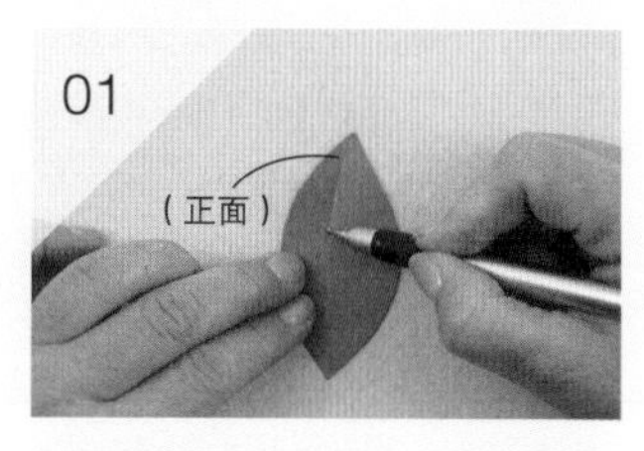

参照纸型，从正面的一侧开始向中心画出叶脉。

02

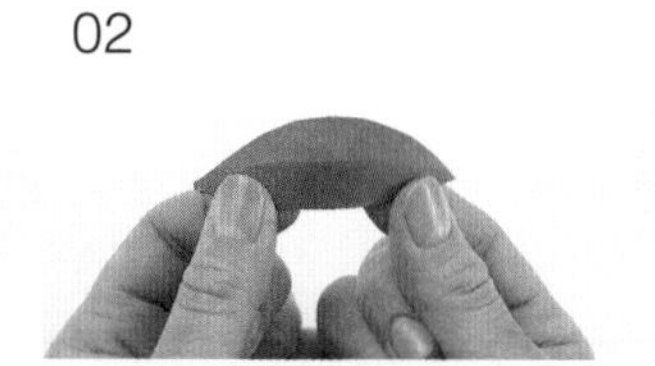

沿着中间的叶脉，将叶子轻轻对折。

03

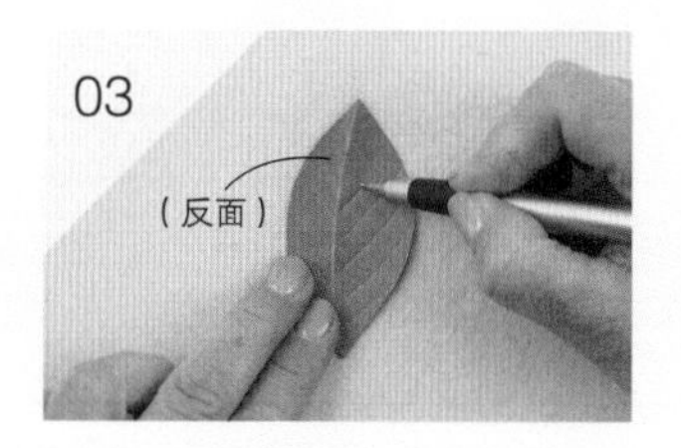

然后再从反面的一侧画出叶脉。本书中，叶子上画出的叶脉基本上都是V字形的。

04

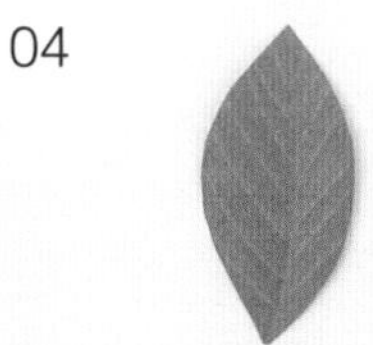

成品图。

POP UP
CARD

弹出式玫瑰贺卡

这是一款把小部件粘贴在左右两侧的弹出式贺卡，
将小部件和贺卡的中心对齐是制作的要点。
在制作小部件的时候，一定要将中心的折线折叠清晰。
制作花瓣的时候可以用一种颜色的折纸，
当然花瓣 1、2、3、4 也可以使用渐变色，
这样完成的作品会更漂亮。

❶ 卷曲花瓣

01

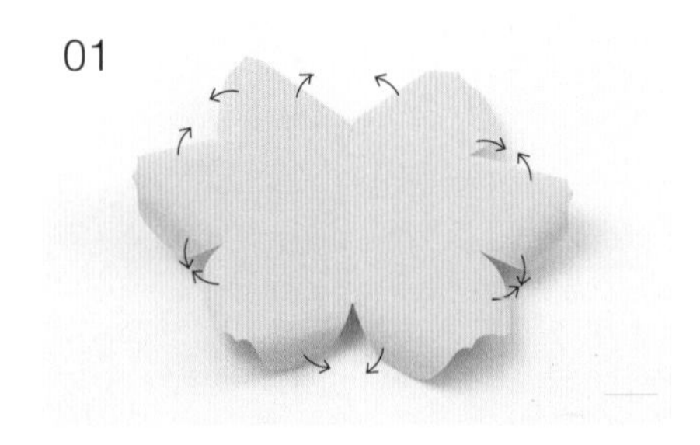

花瓣1，将所有花瓣的两侧向外弯折。折线轻轻地向内折叠。

02

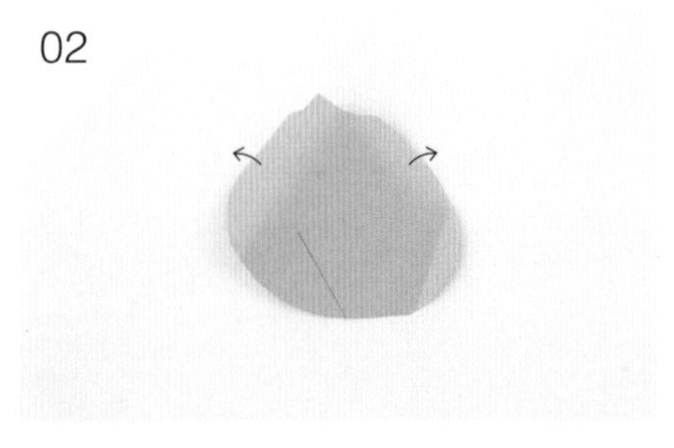

花瓣2，将花瓣的两侧向外弯折，涂黏合剂的位置轻轻地向内折叠。

03

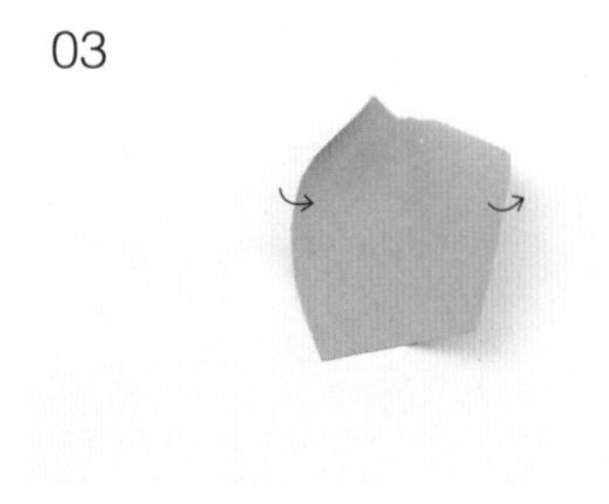

花瓣3，将花瓣的左侧向内弯折，花瓣的右侧向外弯折，折线轻轻地向内折叠。

04

花瓣4，只需将花瓣的右侧向外弯折，折线轻轻地向内折叠。

❷ 组合花瓣 2

05

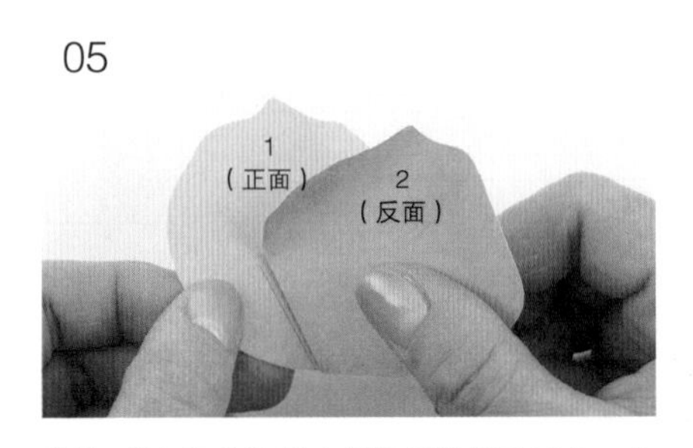

花瓣2的标记和涂黏合剂位置的折线重合、粘贴。

06

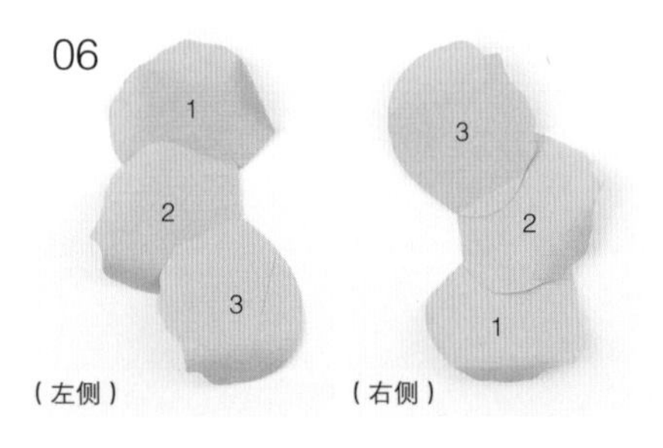

3片1组。制作相同的2组（这是第2行左右两侧的部分）。

07

（反面）
（正面）
粘贴涂黏合剂的位置

左右两侧的部件正面相对对齐，将上下两侧涂黏合剂的位置粘贴好。

08

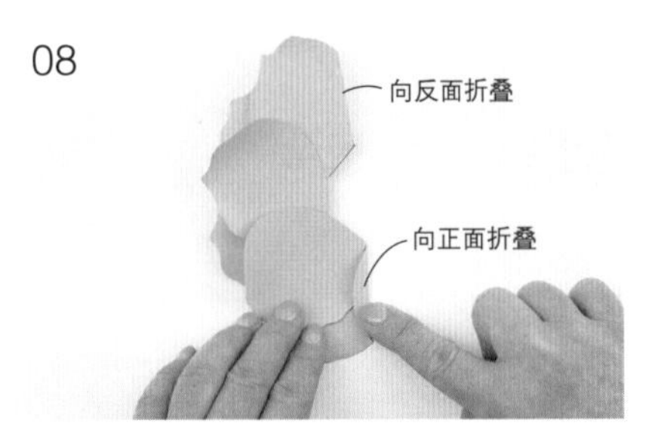

对折后，将突出的部分折一下。上侧是向反面折叠，下侧是向正面折叠。

❸ 组合花瓣 3

09

花瓣3，粘贴的时候对齐，将下侧粘贴成一条直线。

黏合剂涂在重叠部分的下侧。

10

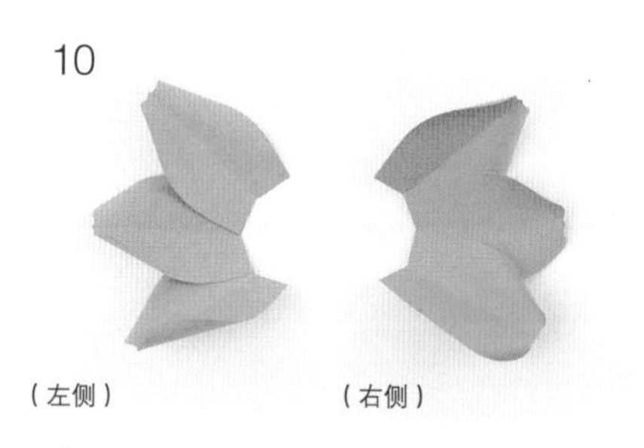

3片1组。制作相同的2组（这是第3行左右两侧的部分）。

11

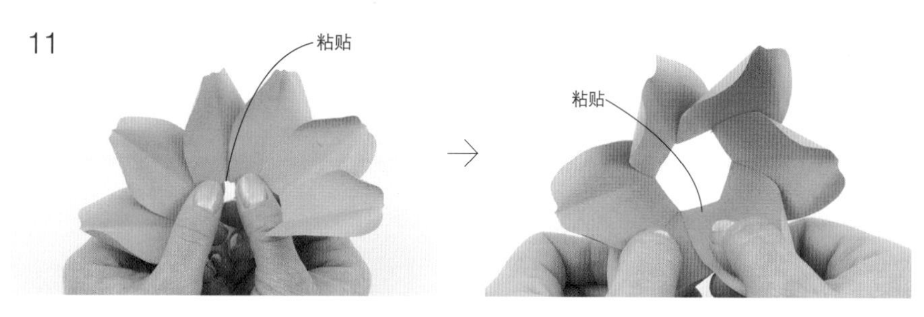

重叠使右侧在上，同时将左右两侧粘贴成环形。方法和粘贴花瓣时一样，黏合剂还是只涂抹在重叠部分的下侧。

12

沿着中心的折线折叠，粘贴好。

❹ 组合花瓣 4

13

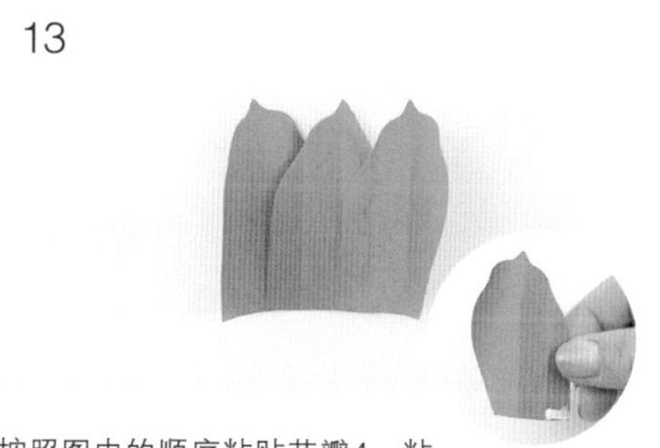

按照图中的顺序粘贴花瓣4。粘贴的时候，左侧的直线部分和中心线对齐。

黏合剂涂抹在重叠部分的下侧。

14

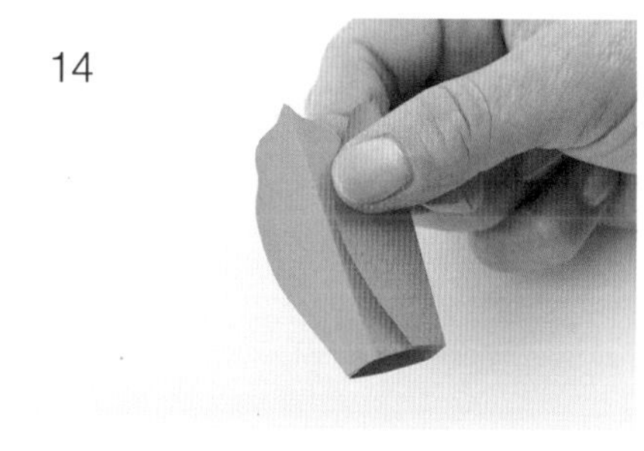

调整使右侧在上，同时粘贴成环形（这是花朵的中心部分）。此时，黏合剂也是只在重叠部分的下侧涂抹。

❺ 花瓣粘贴在底座上

15

底座a按照指示进行折叠，粘贴花瓣2。

16

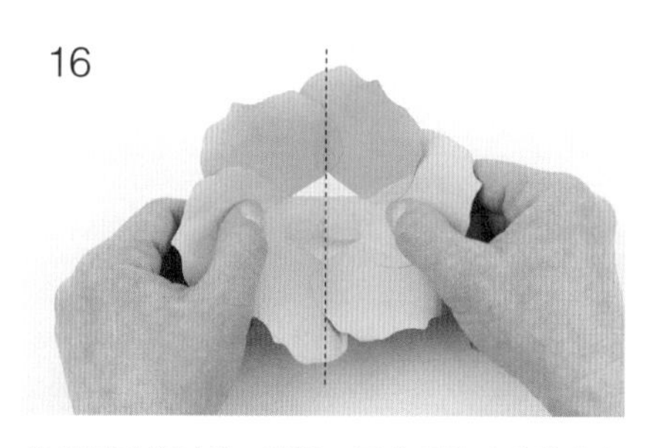

花朵展开的时候，确认一下花朵和底座的中心线是否对齐。

17

花瓣4也按照相同的方法粘贴在底座c上。

18

花瓣3也按照相同的方法粘贴在底座b上。

❻ 花瓣粘贴在贺卡上

19

展开的时候，确认一下花瓣中心的空隙处是否和底座完全重合。

20

如图所示在花瓣1的反面涂上黏合剂。

21

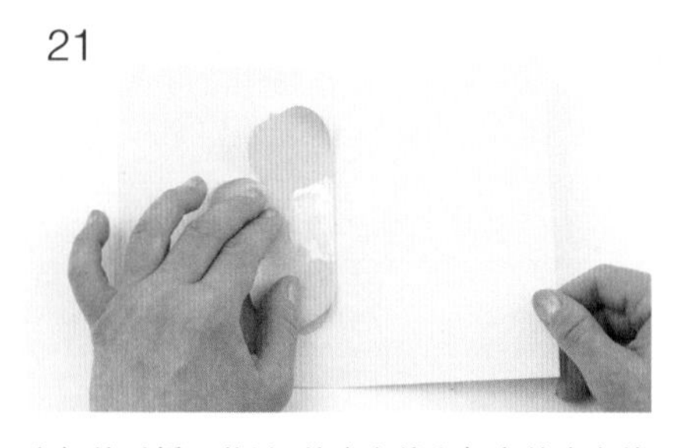

小部件对折，花瓣1的中心线和贺卡的中心线对齐后，先粘贴一侧。位置大概是在贺卡上下的中心位置。

22

展开花瓣1，粘贴另一侧。之后在粘贴新的小部件时，粘贴的同时要确认黏合剂是否完全干燥。

23

在花瓣2的底座上涂上黏合剂，对折后和花瓣1的中心线对齐，先粘贴一侧。

24

把花瓣2展开，然后粘贴另一侧。

25

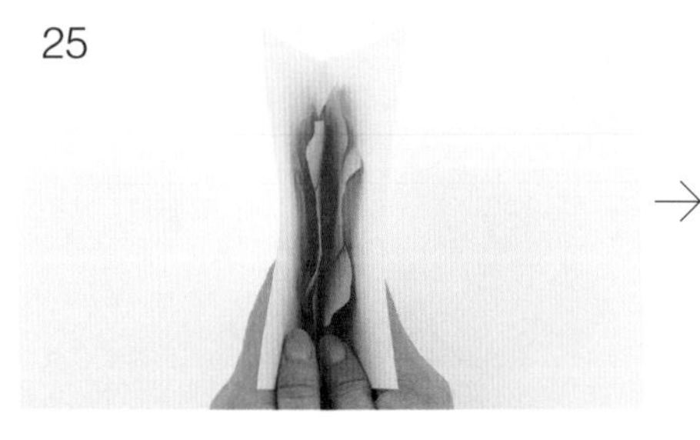

每次粘贴小部件的时候，注意一边粘贴，一边开合贺卡，确保粘贴正确。

26

在花瓣3的底座上全部涂上黏合剂，和花瓣2的中心线对齐，粘贴。

27

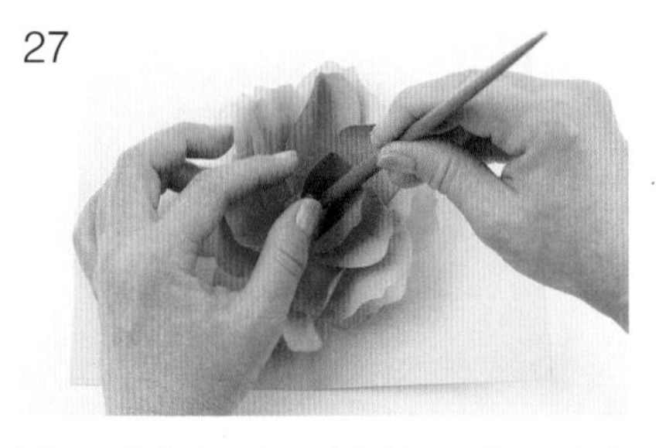

在花瓣4的底座上涂上黏合剂，和花瓣3的中心线对齐，粘贴。插入细杆，将底座牢牢地粘贴到贺卡上。

28

成品图。

Pop Up Card

弹出式牡丹贺卡

如果把花瓣两侧的卷曲做出更明显的效果的话，成品就会更华丽。
花瓣前端的波浪形不完全按照纸型的造型剪切也没有问题。

01

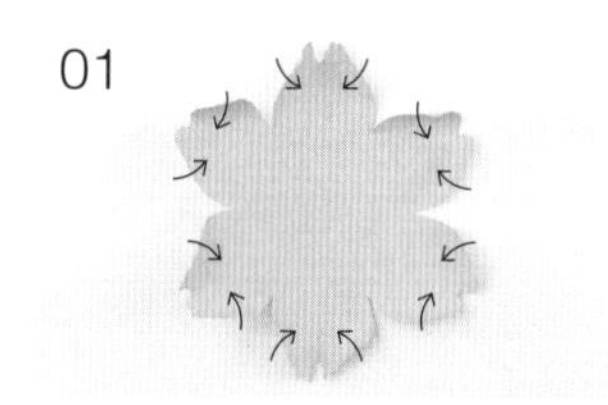

花瓣1，需要将花瓣两侧向内折出卷曲。

02

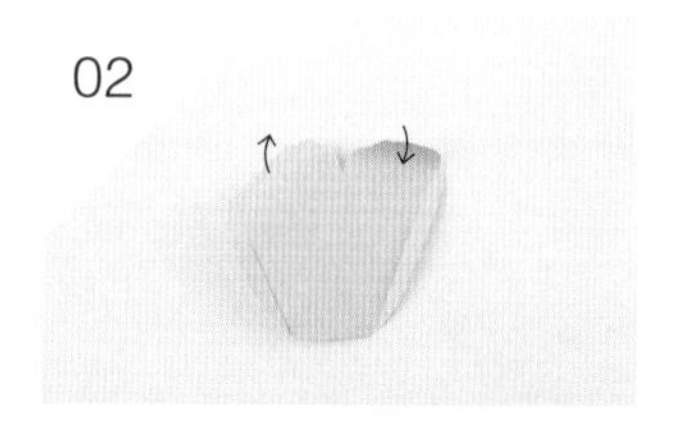

花瓣2，需要把花瓣的左侧向外折出卷曲，右侧向内折出卷曲，然后将涂黏合剂的位置轻轻地向内折叠。

03

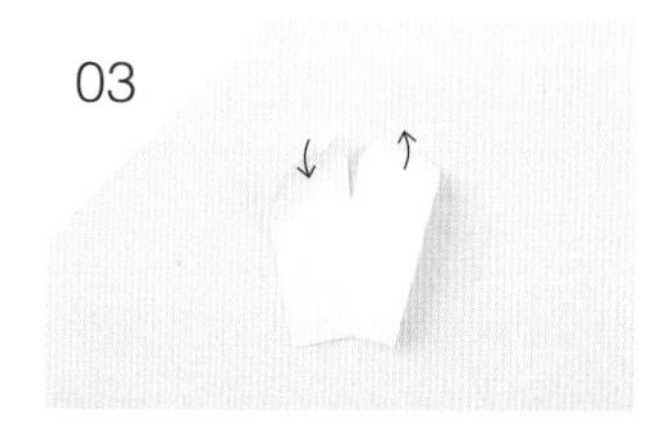

花瓣3，需要把花瓣左侧向内折出卷曲，右侧向外折出卷曲，同时在中心位置轻轻地向内折叠。

04

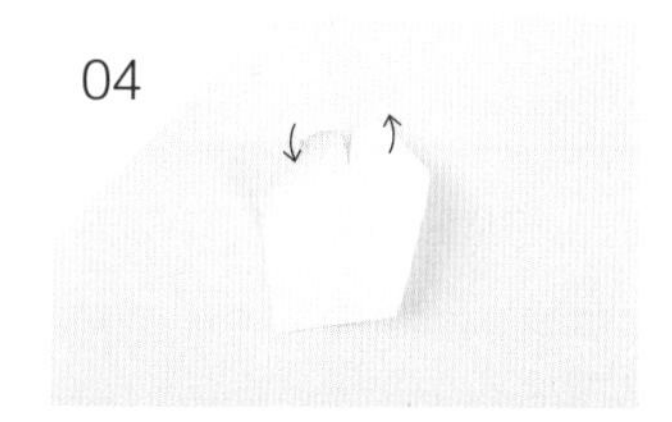

花瓣4，需要把花瓣左侧向内折出卷曲，右侧向外折出卷曲，同时沿着折线轻轻地向内折叠。之后的制作方法和弹出式玫瑰贺卡相同（参照p.48❷组合花瓣2）。

Pop Up Card

弹出式睡莲贺卡

制作方法和玫瑰、牡丹相同。
把花蕊制作成环形时，需要把重置的面全部粘贴到一起。
如果整体使用一种比较柔和的颜色制作的话，
在打开贺卡的瞬间仿佛点亮了一盏灯一样，看起来美丽、温柔。

01

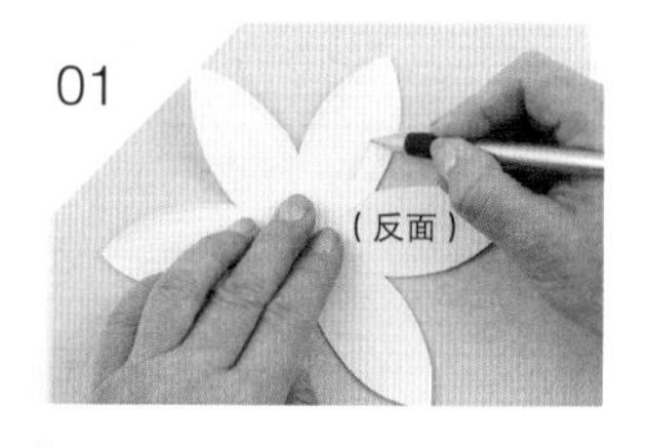

花瓣1的花瓣部分在反面纵向画出脉络。

02

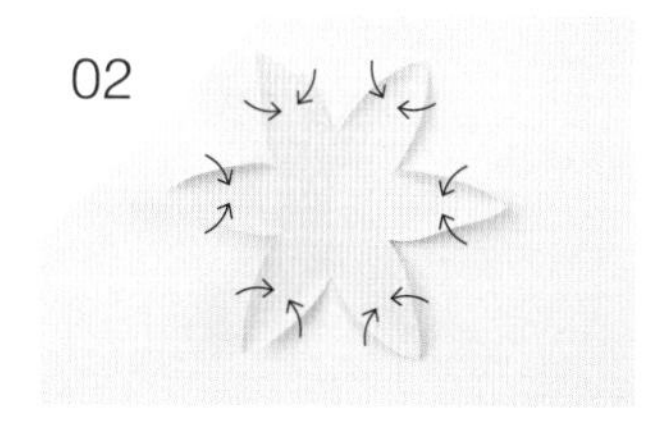

花瓣1，将花瓣的两侧轻轻地向内折出卷曲。

03

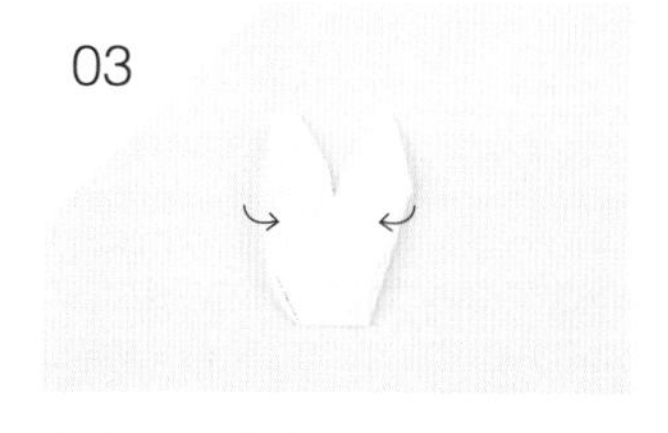

花瓣2，将花瓣的两侧向内折出卷曲。

04

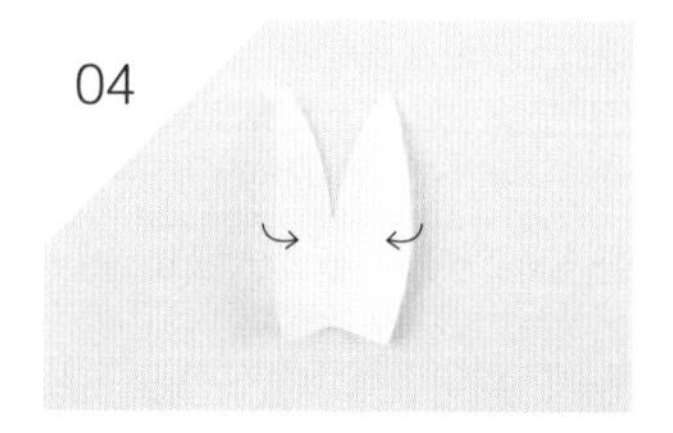

花瓣3，将花瓣的两侧向内折出卷曲。

05

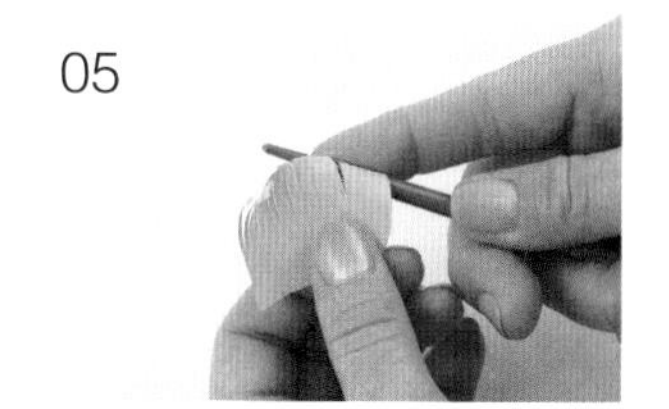

花蕊部分，裁剪完流苏之后，内侧和外侧随意折出轻微的卷曲。

06

→

全部粘贴

之后的制作方法和弹出式玫瑰贺卡相同（参照p.48❷组合花瓣2）。花蕊的制作方法参照花瓣4。折叠成环形之后，重叠的部分全部涂上黏合剂。

Pop Up
Card

弹出式康乃馨贺卡

制作花瓣时，随机地向内、外侧折出卷曲，
就可以形成饱满的视觉效果。
叶子对折，留出清晰的折痕，
然后只在叶子的根部涂上黏合剂，
粘贴在花朵下面。

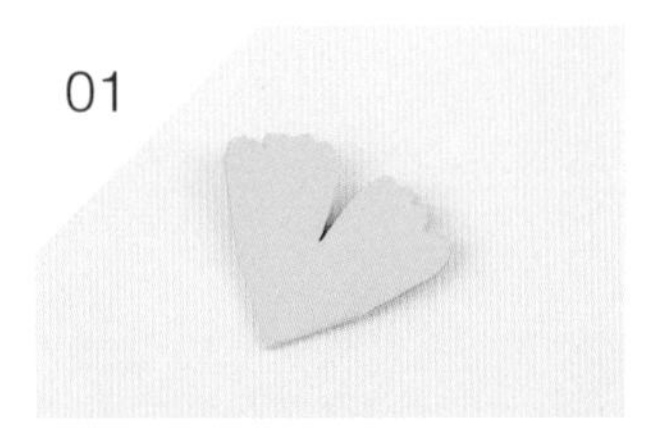

参照p.68，准备花瓣。

在花瓣的一个位置剪牙口，一直剪到中心位置。花瓣的两侧随机地向内、外折出卷曲。

从剪开的牙口位置，在第2片花瓣的根部涂上黏合剂。注意涂抹时不要让黏合剂从图中虚线处溢出。

2片花瓣重合、粘贴（将花瓣的数量做成6片）。

剩余的3个花瓣也按照相同的方法制作。

花瓣向下重叠在一起，在朝向右侧花瓣的根部涂上黏合剂。

以重叠的花瓣为底部，将2片花瓣粘贴到一起。另一组也按照相同的方法粘贴。

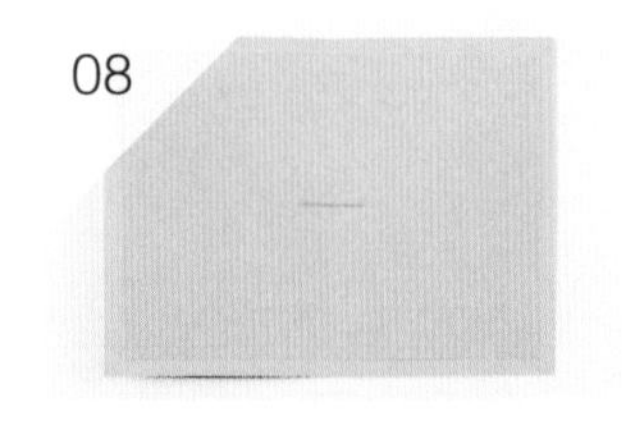

在贺卡的中心位置做出标记。

在花瓣的底部涂上黏合剂。

和贺卡上的标记对齐，然后按照图中的方向粘贴花朵。

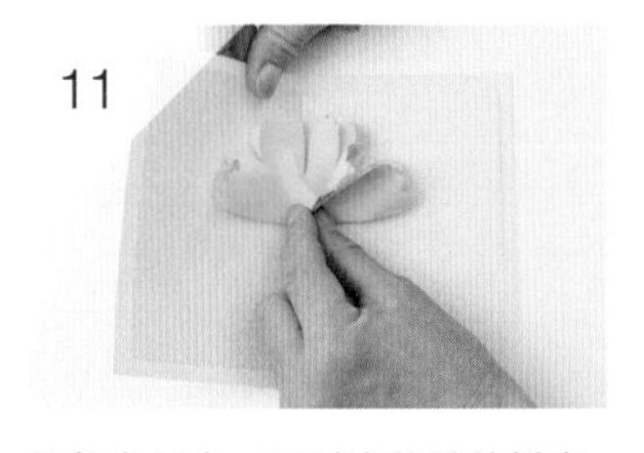

将贺卡闭合，同时在花瓣的折痕处向内折叠。

另一侧也按照相同的方法制作，再粘贴一组花瓣，沿着折痕向内折叠。

Pop Up
Card

弹出式蒲公英贺卡

在花朵前端的曲线处，如果能够很好地裁剪出角度，做出的“蒲公英”会更逼真。

制作方法和弹出式康乃馨贺卡相同。将花瓣两侧全部向内折，折出卷曲。

Pop Up Card

弹出式绣球花贺卡

在步骤 11 之后的制作过程中，要重复开合贺卡，同时确认花萼的粘贴位置。
在花萼和花萼接触的部分涂上薄薄的一层黏合剂是制作的要点之一。
制作的时候要注意整体的平衡，再现绣球花独特的美丽造型！
叶脉的折叠方法参照 p.47。

01

参照p.69，准备好花萼。

02

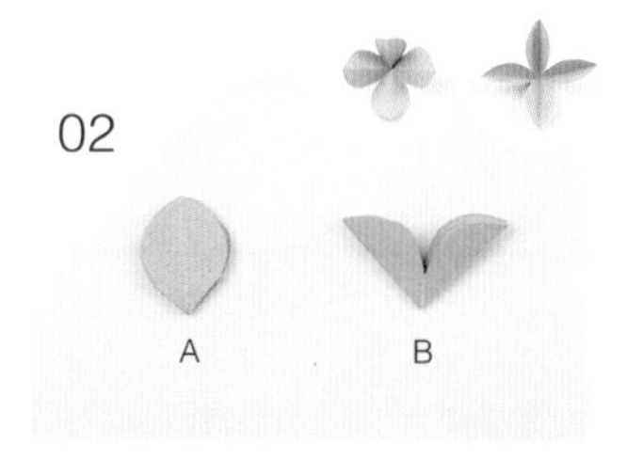

准备9片花萼，将相对的花萼的中心重新向内折叠（A）。剩下的则是把全部花萼的中心向外折叠，如图中所示折叠（B）。

03

叶子粘贴到贺卡上。

04

B的花萼，在图中的位置涂上黏合剂。

05

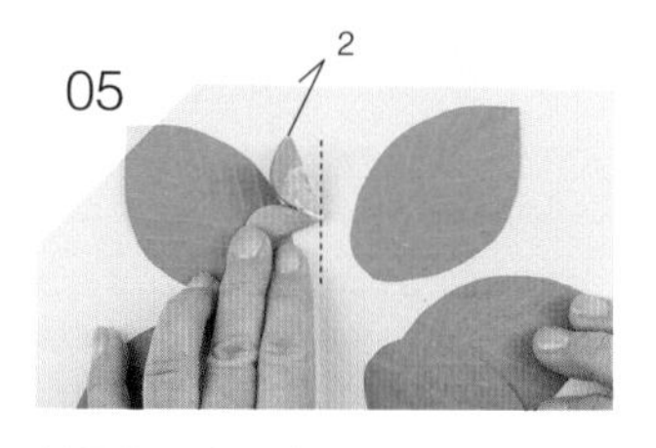

折叠的顶点和中心线对齐，小部件保持对折的状态，先把一侧粘贴到贺卡上。

06

闭合贺卡，将另一侧也粘贴到贺卡上。

07

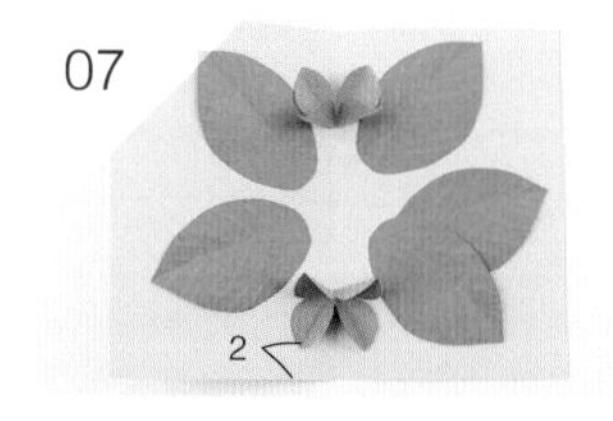

下侧也按照相同的方法粘贴B的花萼。

08

一侧各粘贴3片，将A和B随意粘贴成圆形。此时，在布局的时候要将花萼相连的一侧朝向中心方向。

09

中间的一层再贴上1片花萼。因为这样展开的时候就能变成拱形，所以制作的要点就是要在粘贴的时候稍微偏移一点。

10

另一侧也是按照相同方法再粘贴1片花萼。只在和下面花萼相连接的位置涂上黏合剂、粘贴。

11

右侧也要再粘贴1片花萼。因为这片花萼和左侧的不相连，所以先将贺卡闭合一次，确认和左侧花萼的连接处之后涂上黏合剂。这时，花萼就重叠在一起了，要确认贺卡会不会有闭合困难的情况。

12

粘贴之后的状态。

13

从上面开始制作第2层，在左右两侧分别粘贴1片花萼，闭合贺卡之后确认接触的位置，然后将这一部分粘贴到一起。

14

从上面开始制作第4层也是一样，在左右两侧分别粘贴1片花萼，闭合贺卡之后确认接触部分，然后将这一部分粘贴到一起。

POP UP CARD

弹出式大波斯菊花束贺卡

重新折叠步骤 03 的花瓣时，需要根据花朵的中心好好折叠。
如果想要营造出花束的华丽感，要在一定程度上保持密集的状态，
这也是作品制作的要点。在步骤 07 粘贴花朵之前，
在脑海中想象一下完成品的样子再动手，可能会更好一点。
步骤 10 之后的制作过程，需要反复地开合贺卡，确认花朵的粘贴位置。

01

参照p.69准备花瓣，在花瓣的反面从内侧向外画出脉络。

02

在花瓣的中心粘贴花朵中心。

03

相对的两处折线向内折叠，如图所示重新折叠好。

04

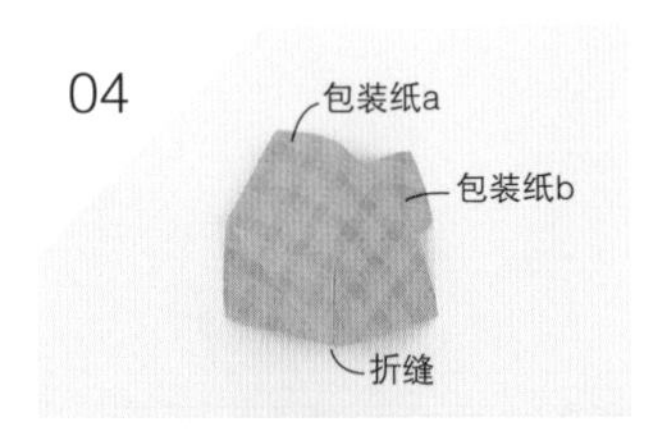

用手捏住包装纸a的折缝，贴合到一起，然后粘贴包装纸b。

05

在包装纸的留白处涂上黏合剂，小部件保持对折的状态，先将一侧粘贴到贺卡上。

06

贺卡闭合一次，粘贴另一侧。图中所示是粘贴之后的状态。

07

花瓣保持对折的状态，折叠的顶点和中心线对齐，先将一侧粘贴到贺卡上。

黏合剂只涂在和贺卡接触的一面，一片花瓣的根部。

08

贺卡闭合一次，粘贴另一侧。图中所示是粘贴之后的状态。

09

为了能够变成花束的形状，在两侧分别粘贴2片花瓣。黏合剂涂在与贺卡接触的花瓣的根部。

10

第2层，在左右两侧都分别粘贴1片花瓣。

黏合剂只涂在上一层花瓣的前端。

11

在右侧花瓣的前端涂上黏合剂。

12

贺卡闭合一次，左右两侧的花朵粘贴到一起。

13

贺卡开合几次，确认花瓣是否整齐地折叠好。图中所示是粘贴好的状态。

14

第3层，在左右两侧分别粘贴1片花瓣之后，右侧再粘贴1片，然后将左右两侧的花朵粘贴到一起。

15

缎带打成蝴蝶结，粘贴到包装纸的底部。

DECORATION CARD

玫瑰与衬花的贺卡

装饰贺卡中使用的花片，可将花瓣制作成卷曲状，
使其更加生动逼真。特别是玫瑰，花瓣呈现出向中心密集状排列的感觉很重要。
在粘贴花瓣的时候，要注意作品整体的平衡美。
藤蔓或者衬花的颜色可以按照自己的喜好选择。

01

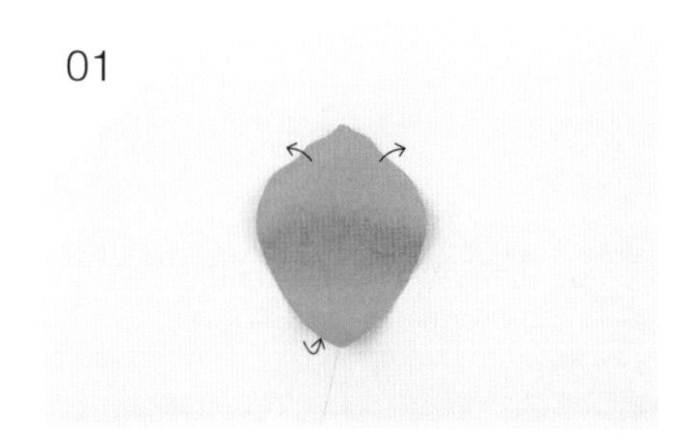

花瓣1，将根部向内侧折出卷曲，花瓣上面的两个部分向外侧折出卷曲。

02

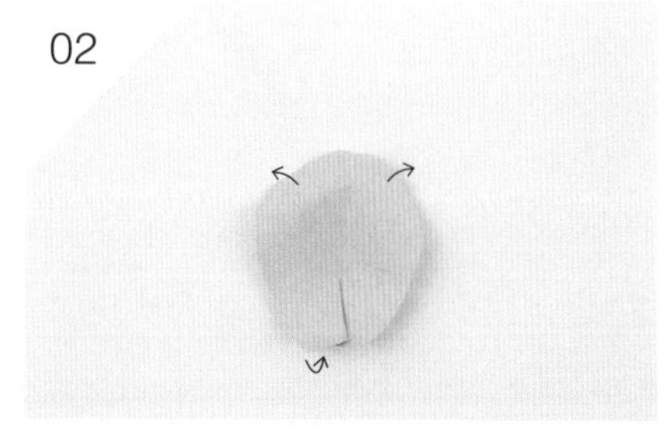

花瓣2，折叠中央，然后根部向内侧折出卷曲，花瓣上面的两个部分向外侧折出卷曲。

03

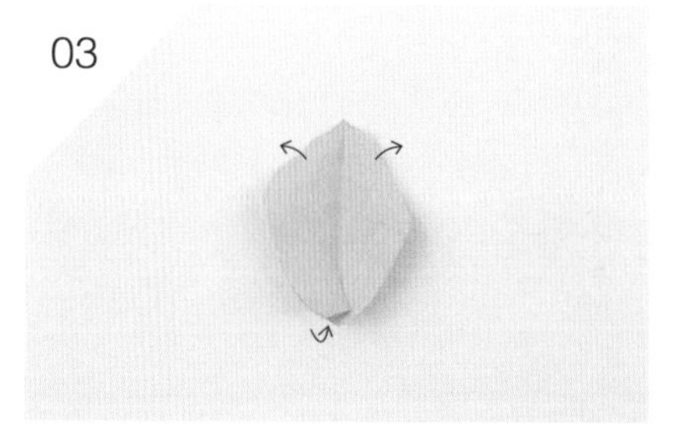

花瓣3，折叠中央，然后根部向内侧折出卷曲，花瓣上面的两个部分向外侧折出卷曲。

04

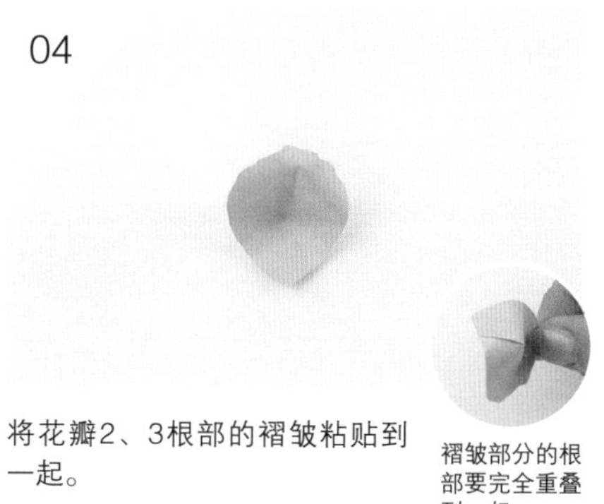

将花瓣2、3根部的褶皱粘贴到一起。

褶皱部分的根部要完全重叠到一起。

05

花瓣4，将花瓣左侧向内折出卷曲，右侧向外折出卷曲。

06

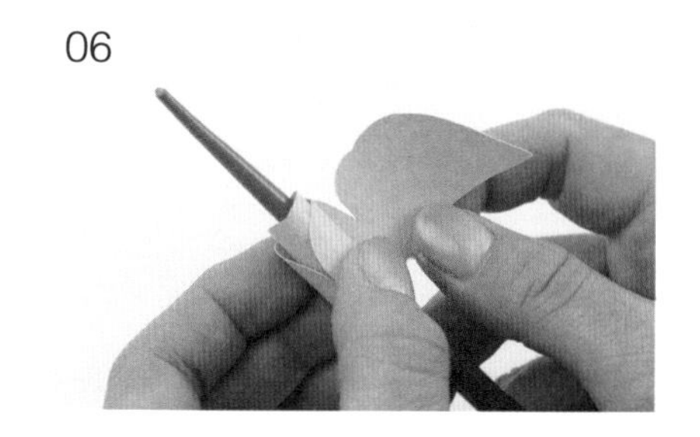

将花瓣5卷在筷子上，然后做出折痕。

07

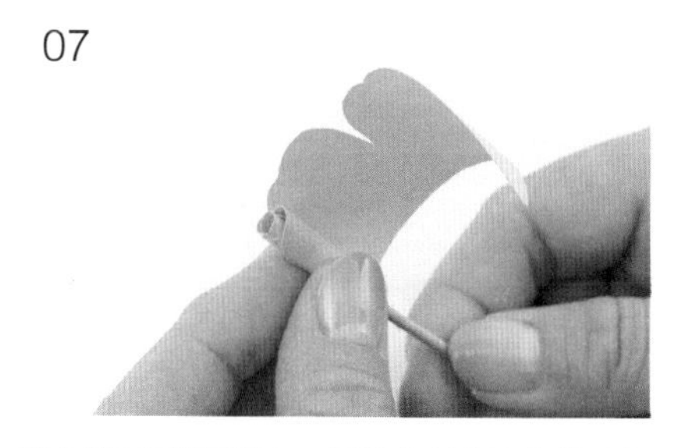

将花瓣5卷到牙签上，用黏合剂将边缘粘贴起来。

08

将花瓣1粘贴到底座上。

09

稍微偏移一些，然后再粘贴1片花瓣1。

10

按照同样的方法偏移，同时把5片花瓣全部粘贴上。偏移的间隙不完全一致也没有关系。

11

粘贴5片花瓣2，注意粘贴的时候不要与花瓣1重合。

12

粘贴5片花瓣3，注意粘贴的时候不要与花瓣2重合。

13

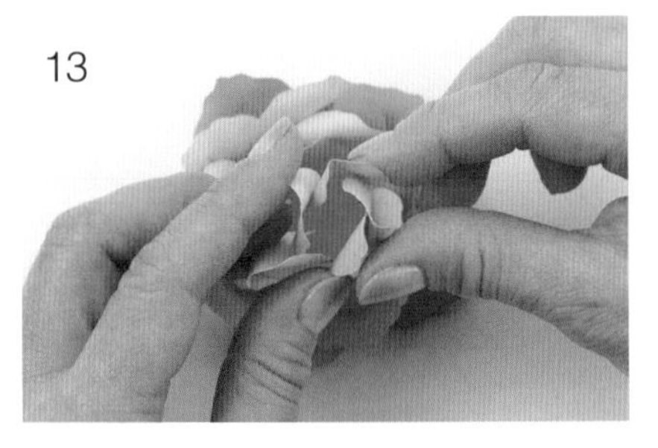

花瓣4的花瓣向上，然后在底部涂上黏合剂，插入到步骤12的中间。

14

用细棒等插入到中心稍向下用力，使花瓣粘贴牢固。

15

粘贴之后的状态。

16

在花瓣的中心涂上黏合剂，可稍微多涂一点。

17

插入花瓣5之后粘贴，然后晾干。

18

衬花，将花瓣的两侧向外折出卷曲，使花瓣向上伸展。

19

粘贴另一片的时候注意不要让花瓣重叠到一起。

20

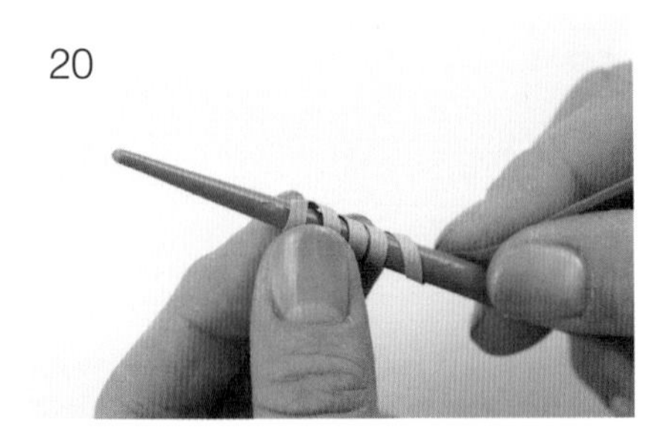

藤蔓要先缠绕得紧一些，等粘贴的时候再调整。

21

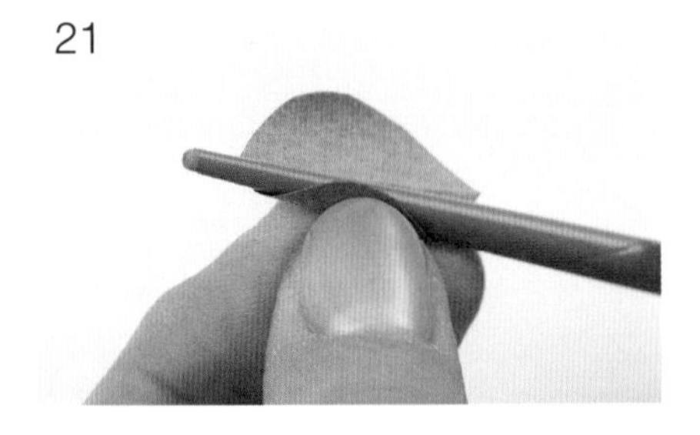

折叠出叶脉之后（参照p.47），把两侧向内折出卷曲。

22

在对折的贺卡正面粘贴一个纸板，然后在左上角粘贴上玫瑰。此时，只需要把花瓣粘贴到贺卡上，不用粘贴底座。

玫瑰是稍微倾斜的状态，底座略翘。

23

将藤蔓弄成环形，用胶带固定。

24

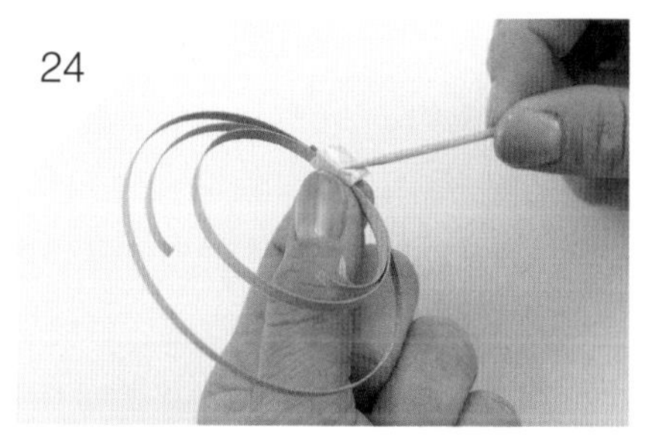

在藤蔓用的胶带上涂上黏合剂。

25

粘贴藤蔓，就像插入浮起的底座里面一样。藤蔓的数量可以根据自己的喜好确定，但在粘贴的时候要注意作品整体的平衡美。

26

在花朵左右两侧粘贴衬花，就像对玫瑰起一定的支撑作用一样。衬花也是只把花瓣稍微倾斜地粘贴到贺卡上，不要压得太紧。

27

注意整体的平衡，将大叶子粘贴到贺卡上。

28

用镊子把小叶子粘贴到藤蔓上。

DECORATION CARD

白色花朵贺卡

看起来很考究，但实际上花朵的制作方法是非常简单的。
把花朵粘贴到贺卡上时，在底部涂上黏合剂，
摆放的时候要和相邻的花朵紧密地粘贴在一起。
如果粘贴在迷你贺卡上，可以让花朵稍微倾斜一点，将花瓣粘贴在贺卡上。

01

在花瓣的反面从内侧向外画出脉络。

02

花瓣的两侧按箭头所示方向折出卷曲，根部也折出像竖立起来一样的卷曲。

1片的根部折轻微的卷曲。

03

2片的根部折出紧紧的卷曲。

04

下面折轻微的卷曲，上面折明显的卷曲，粘贴到一起的时候注意花瓣不要重叠。

05

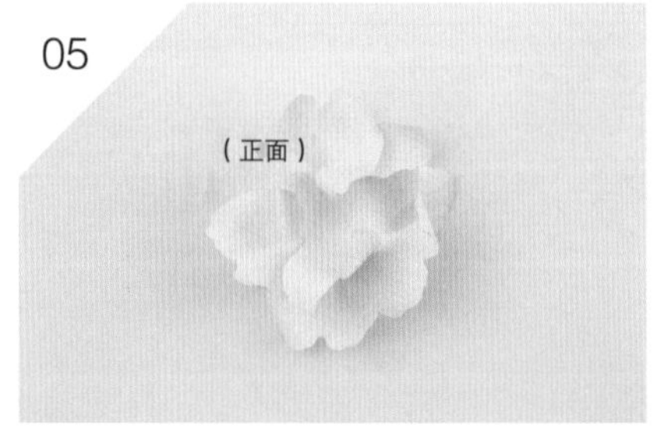

按照相同的方法再粘贴1片，注意也不要让花瓣重叠。3片为1组。需要制作12个相同的，以备使用。

06

在13cm长的缎带上放上一个长度相同的环形，最后用4cm左右的缎带将中间缠绕起来收尾。

07

在贺卡中央粘贴折纸，作为贺卡的中心位置，然后再在其中心粘贴缎带。

08

花朵按照3×4列粘贴到贺卡上。在花朵的中心粘贴珍珠，同时要注意作品整体的平衡美。

DECORATION CARD

太阳花和金光菊贺卡

在花瓣上画脉络的时候，每片画 2~4 根笔直的线。
如果花蕊能够做出完美的弧度，那么成品会非常漂亮。
叶脉的制作方法参照 p.47，藤蔓的制作方法参照 p.56 的步骤 20。

01

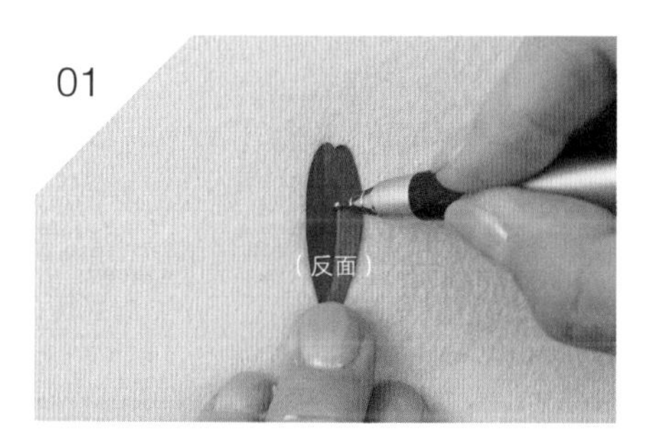

在花瓣的反面从内侧向外画出脉络。

02

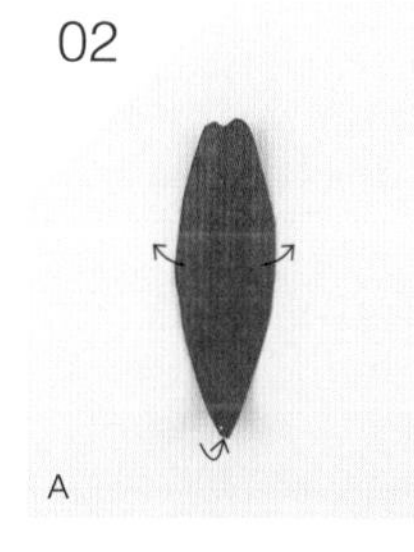

太阳花需要准备24片花瓣，金光菊需要准备12片花瓣。一半是两侧向外折出卷曲，根部向内折出卷曲（A）。另一半也按照同样的方法折出卷曲之后，在花瓣的中心位置再折出卷曲，这样可以使花瓣看起来更加饱满（B）。

03

把4片花瓣粘贴到底座上。当然也可以将A、B两种花瓣随意混搭、粘贴。

04

每2片花瓣一起粘贴填满。金光菊制作完成。

05

太阳花还需要12片花瓣，粘贴一圈，注意花瓣不要重叠。

06

将大、小花瓣的两侧向外折出卷曲，然后让花瓣的根部稍微向上一点，即为花蕊。

07

太阳花用的花蕊，大的2片，小的2片重叠粘贴起来，但注意不要将花瓣重叠到一起。金光菊用2片小的花蕊粘贴，也要注意防止花瓣重叠到一起。

08

太阳花的成品图。

09

金光菊的成品图。

Decoration Card

大丽花贺卡

竖向在花瓣上画出几条脉络。
花瓣朝中心的方向密集摆放，
在粘贴的时候可以折出稍微上翘的弧度。
粘贴到贺卡上时，为了使花朵呈现出倾斜的效果，
在和贺卡接触的花瓣上涂上黏合剂。

01

准备大、小花瓣和花朵中心，然后在反面从内侧向外画出脉络。

02

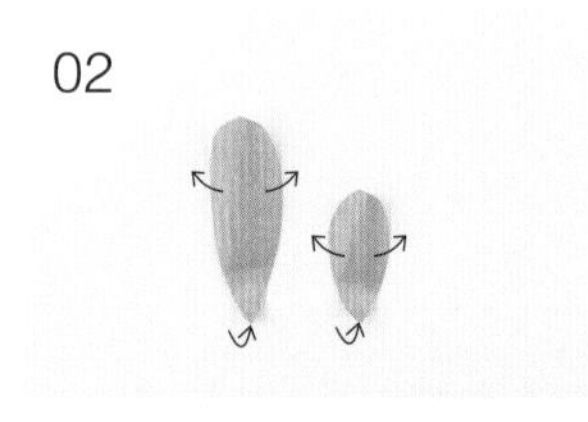

大、小花瓣的两侧都轻轻地向外折出卷曲，根部向内折出卷曲。

03

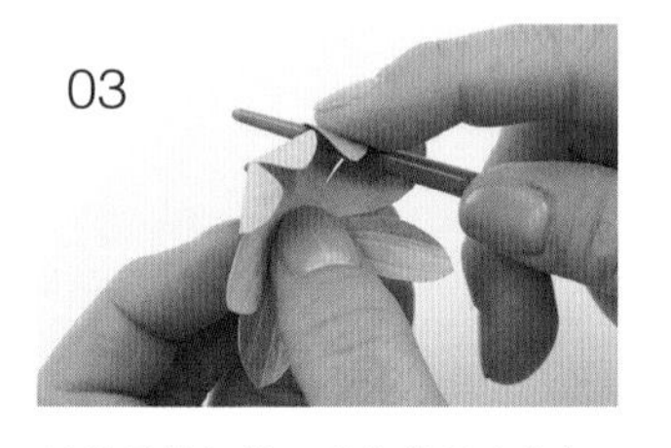

用筷子较细的一端将花朵中心向内折出卷曲。

使其呈球体状态。

04

将8片大花瓣粘贴在底座上。

05

再粘贴一圈大花瓣，注意花瓣不要重叠。花瓣稍微上扬一点。

06

粘贴8片小花瓣，注意花瓣不要重叠。

07

再粘贴8片小花瓣，注意花瓣不要重叠。

08

再粘贴8片小花瓣，注意花瓣不要重叠。在花瓣的根部，紧紧地折出卷曲，然后使花瓣呈现上扬的效果。

09

在花瓣的中心涂上黏合剂，粘贴花朵中心。

10

大丽花的制作就完成了。

11

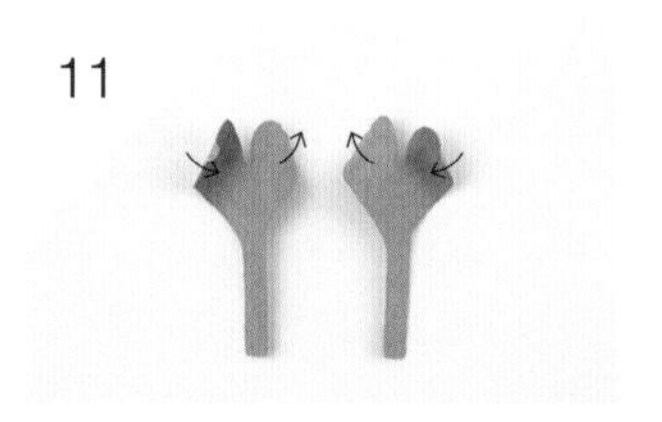

左侧衬花是将花瓣的左上侧向内折出卷曲，右上侧向外折出卷曲。右侧的按相反方向折出卷曲，花朵需要各准备2片。

12

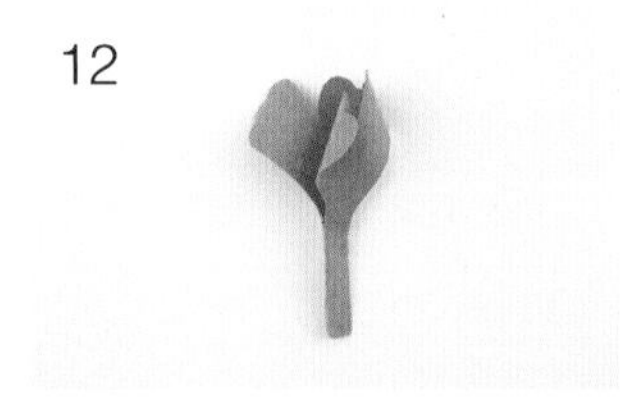

花瓣的卷曲不要重叠，将2片衬花的茎粘贴到一起。再制作一组相同的。

13

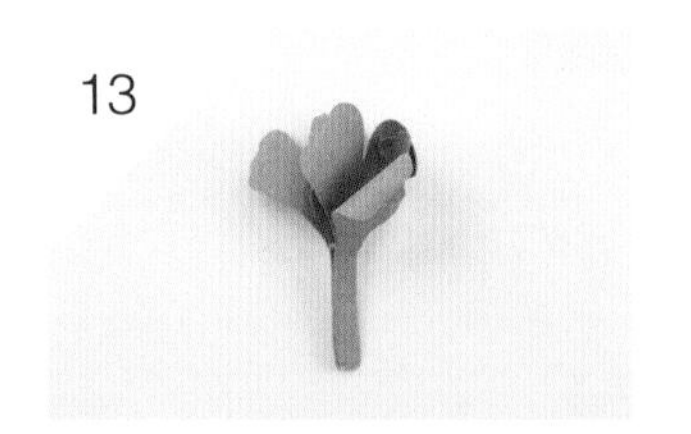

2组衬花的卷曲不要重叠，将茎粘贴到一起（卷曲的方向是内→外→内→外）。

DECORATION CARD

花环贺卡

在粘贴的 3 片花瓣上折出卷曲，花朵整体就会呈现出饱满的感觉。
参照图示，叶子 e 的叶脉做成网状。

01

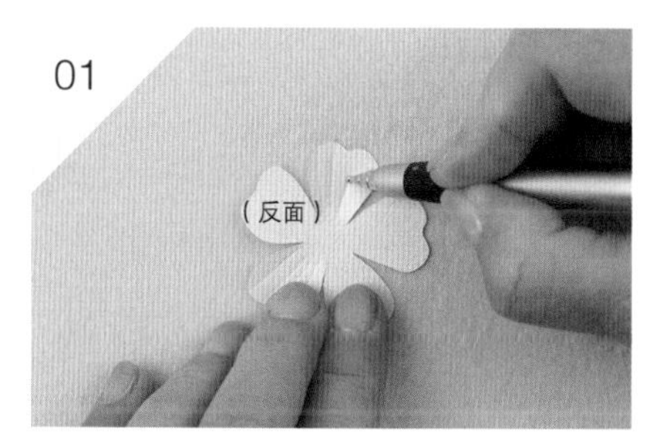

在花瓣的反面从外侧向内画出脉络。

02

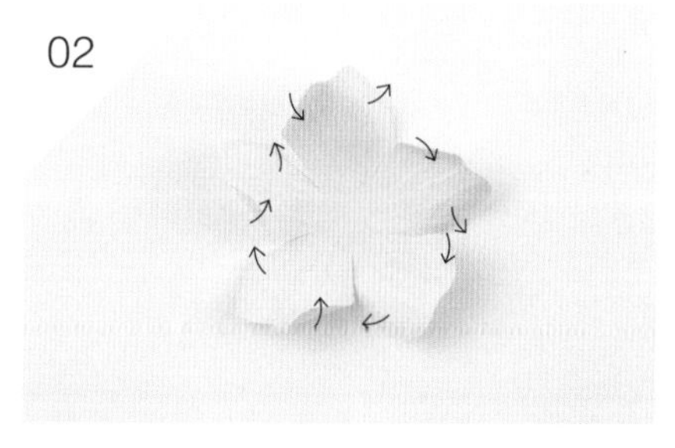

花瓣左侧向内折出卷曲，右侧向外折出卷曲。这里不是在根部，而是在花的前端使其稍微上扬，折出卷曲。花前端的卷曲程度做出3种不同类型。

03

按照卷曲程度从轻到重的顺序，将2片花瓣对齐，注意不要重叠到一起。

04

折出卷曲明显的花瓣再次粘贴，要注意不能重叠在一起。3片为一组。

05

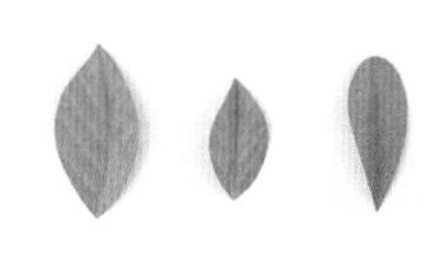

参照p.47准备叶子。

06

只有叶子e，如图所示，画出网状的叶脉。

DECORATION
CARD

康乃馨贺卡

为花瓣折出卷曲之后，整体看起来会更加密集，
更接近实物的效果。
粘贴的时候，注意卷曲不要全部都朝着一个方向。
在粘贴的时候还要注意保持整体的平衡感。

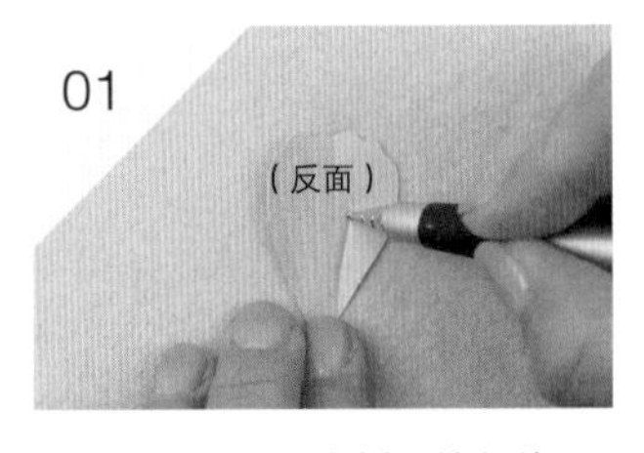

在花瓣的反面从内侧开始向外画出脉络。

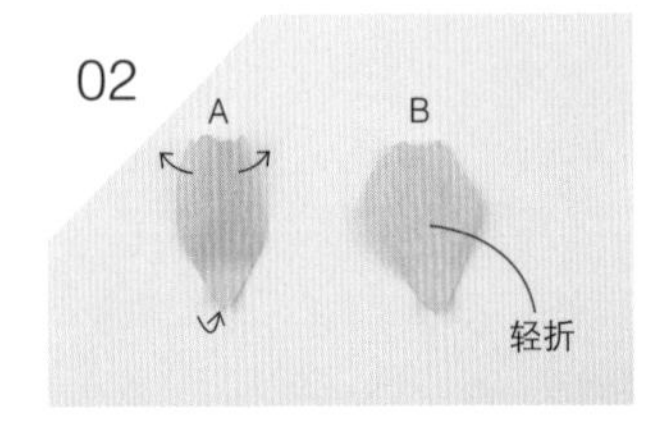

大花瓣是将两侧向外折出卷曲，根部向内折出卷曲（A）。其中的9片，将筷子放入中间，轻轻地对折（B）。

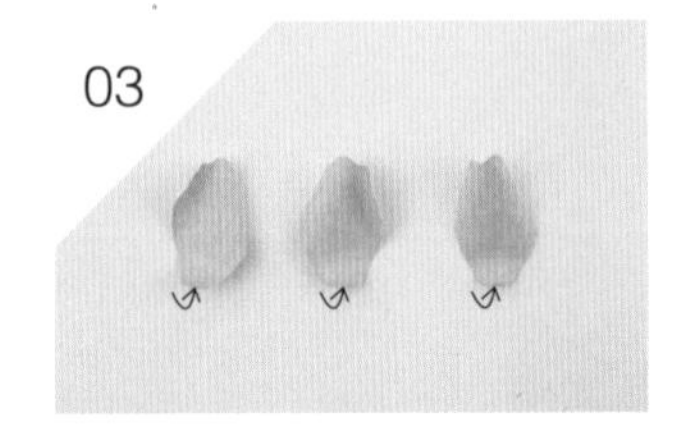

小花瓣是将两侧向内、外随意折出卷曲。所有的根部都向内折出卷曲。

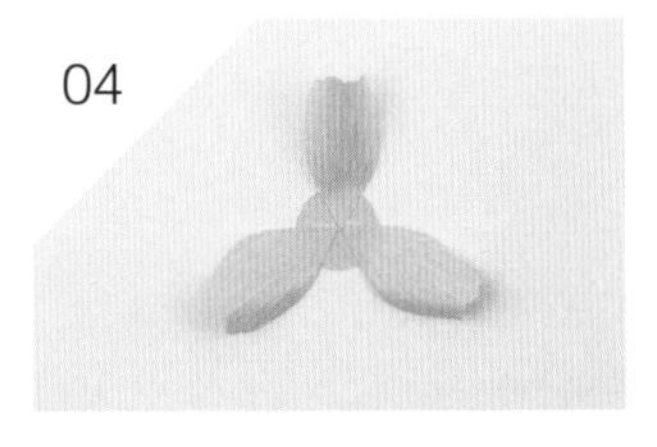

将3片大花瓣（A）粘贴到底座上。

在其中间粘贴3片大花瓣（B）。6片为一圈。

大花瓣按照同样的方法再粘贴一圈，但要注意花瓣不能重叠。

粘贴6片大花瓣，注意不要覆盖到步骤05中的花瓣和卷曲的方向，粘贴的同时也要注意整体的平衡感。

确认卷曲的平衡，同时再粘贴6片小花瓣。一边粘贴，一边调整，使花瓣的卷曲上扬。

到最后，因为花瓣密集到一起，所以粘贴起来比较困难，可以用镊子等将花瓣插入里面再粘贴。

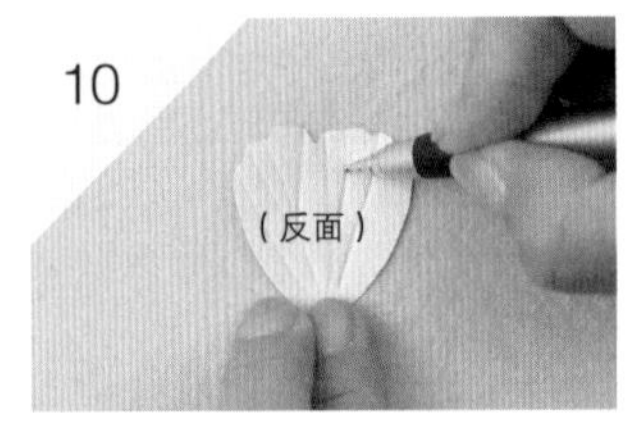

在衬花花瓣的反面从内侧开始向外画出脉络。

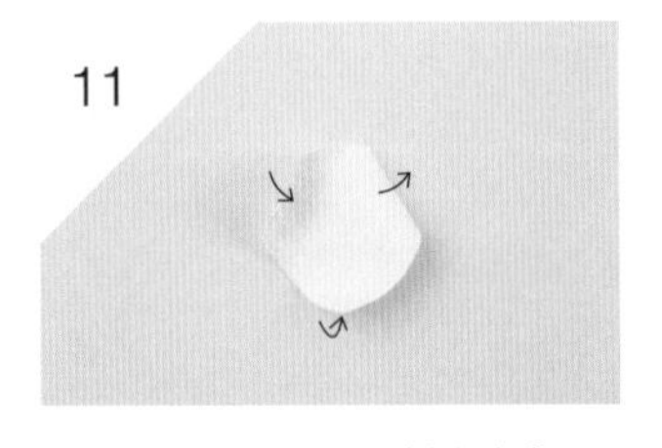

衬花花瓣的左侧向内折出卷曲，右侧向外折出卷曲，根部向内折出卷曲。

3片花瓣粘贴到底座上。

再粘贴3片，注意花瓣不要重叠。

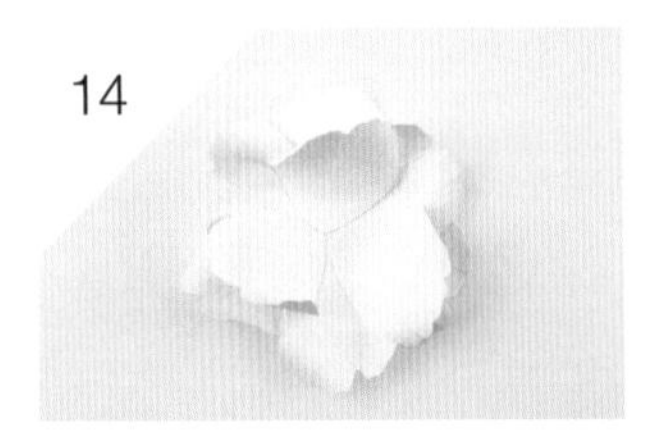

再粘贴3片，注意花瓣不要重叠。

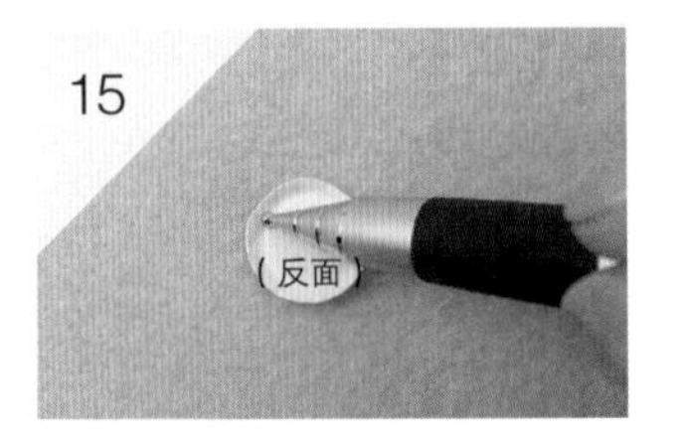

衬花花朵中心从反面沿着边缘将周围压出弧度。

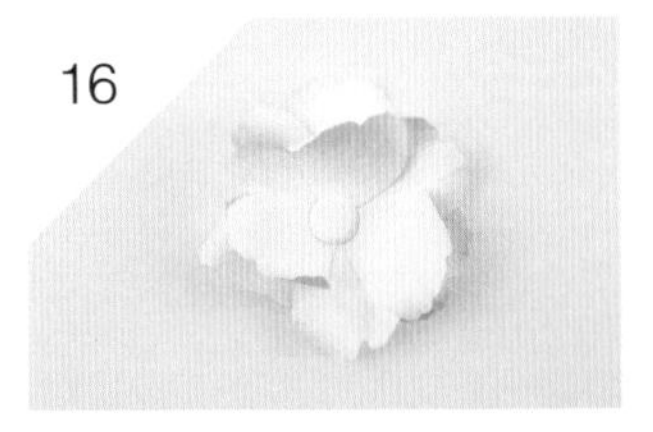

在花瓣的中心粘贴上花朵中心。

DECORATION CARD

东方花束贺礼袋

因为想要折叠出呈圆形的圆顶状，在把花瓣粘贴到底座上时，为花瓣涂上黏合剂，花朵全部朝向外侧伸展。如果有缝隙的话，可以将相邻花的花瓣粘贴到一起。

01

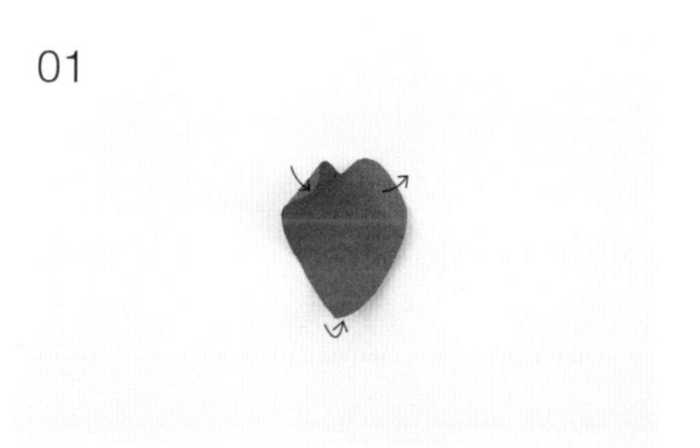

花朵A的花瓣左上侧向内折出卷曲，右上侧向外折出卷曲，根部向内折出卷曲。

02

6片花瓣粘贴到底座上。

03

再粘贴6片，注意花瓣不要重叠。

04

调整花瓣卷曲的强度，再粘贴3片花瓣，注意花瓣不要重叠。

05

花朵B的制作方法参照p.60大丽花贺卡的步骤04、05、08（花瓣全部是相同的大小）。

06

大衬花，参照p.56的步骤18、19衬花的制作方法（需要使用4片花瓣）。

07

小衬花和大衬花相同，制作2朵。

08

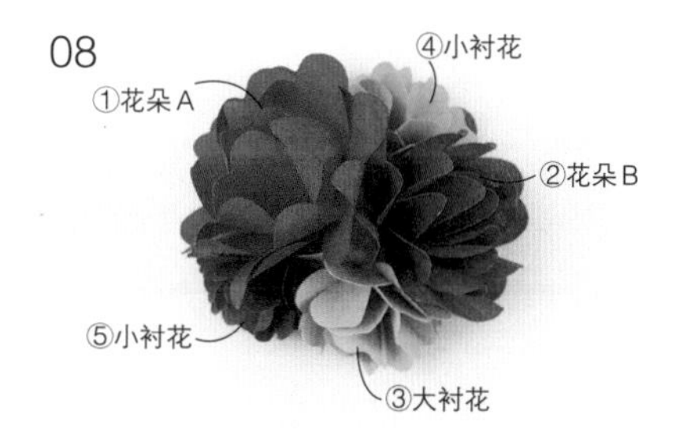

按照图中的顺序，为了使花朵形状较圆，一边观察平衡一边粘贴在底座a上。

纸型

●纸型全部都是原尺寸大小。

●直线的部分，其长短有时也会用数字进行标记。
要将小部件裁剪成尺寸相同的大小。

●制作花朵时使用的折纸在 p.45 做了介绍。

●对于贺卡本身来说，使用较厚的折纸比较合适。

●如果没有明确的指示，数字的单位为厘米(cm)。

—·—·—·—·—	— — — — — —	——·——·——
向外折叠	向内折叠	折出脉络之后向内折叠

————————	··························
对折线	粘贴的位置

制作方法

弹出式睡莲贺卡 p.08

材 料 贺卡的尺寸：16cm×21cm（对折）
贺卡…彩色植绒纸（浅蓝色）
花瓣…丹迪纸（P-50）、彩色植绒纸（白色）
花蕊…彩色植绒纸（黄色）
叶子…彩色植绒纸（蓝绿色）

*叶子的纸型在p.89

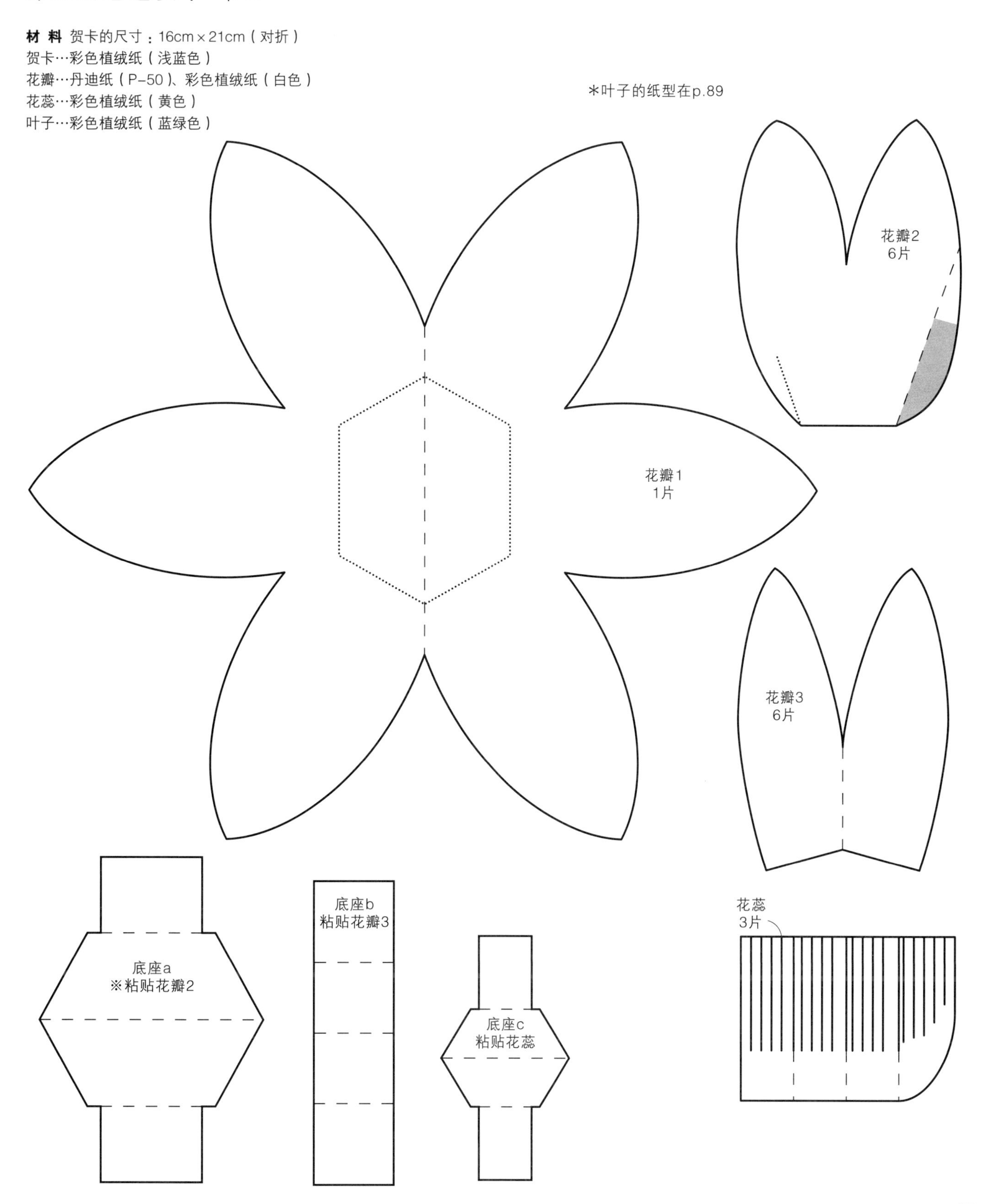

弹出式玫瑰贺卡 p.04

材 料 贺卡的尺寸：16cm×21cm（对折）

< 红色 >
贺卡外侧…缪斯棉纸（红梅色）
贺卡内侧…丹迪纸 SELECTTS-10（P-50）
花瓣…NT 罗纱纸（红色）

< 粉红色 >
贺卡…彩色植绒纸（白色）
花瓣…丹迪纸（L-50）、ECO JAPAN R（红梅色）、
缪斯棉纸（浅红色）、NT 罗纱纸（红梅色）
叶子…彩色植绒纸（绿色）、里纸（青竹色）

叶子1
2片

花瓣1
1片

叶子2
11片

藤蔓1
1根

藤蔓2
1根

花瓣2
6片

花瓣3
6片

花瓣4
3片

*参照p.04，注意整体平衡的
同时粘贴叶子、藤蔓

弹出式牡丹贺卡 p.06

材 料 贺卡的尺寸：16cm×21cm（对折）
贺卡…彩色植绒纸（白色）
花瓣…丹迪纸（L-50）、
ECO JAPANR R（淡红色、红梅色）、
彩色植绒纸（白色）

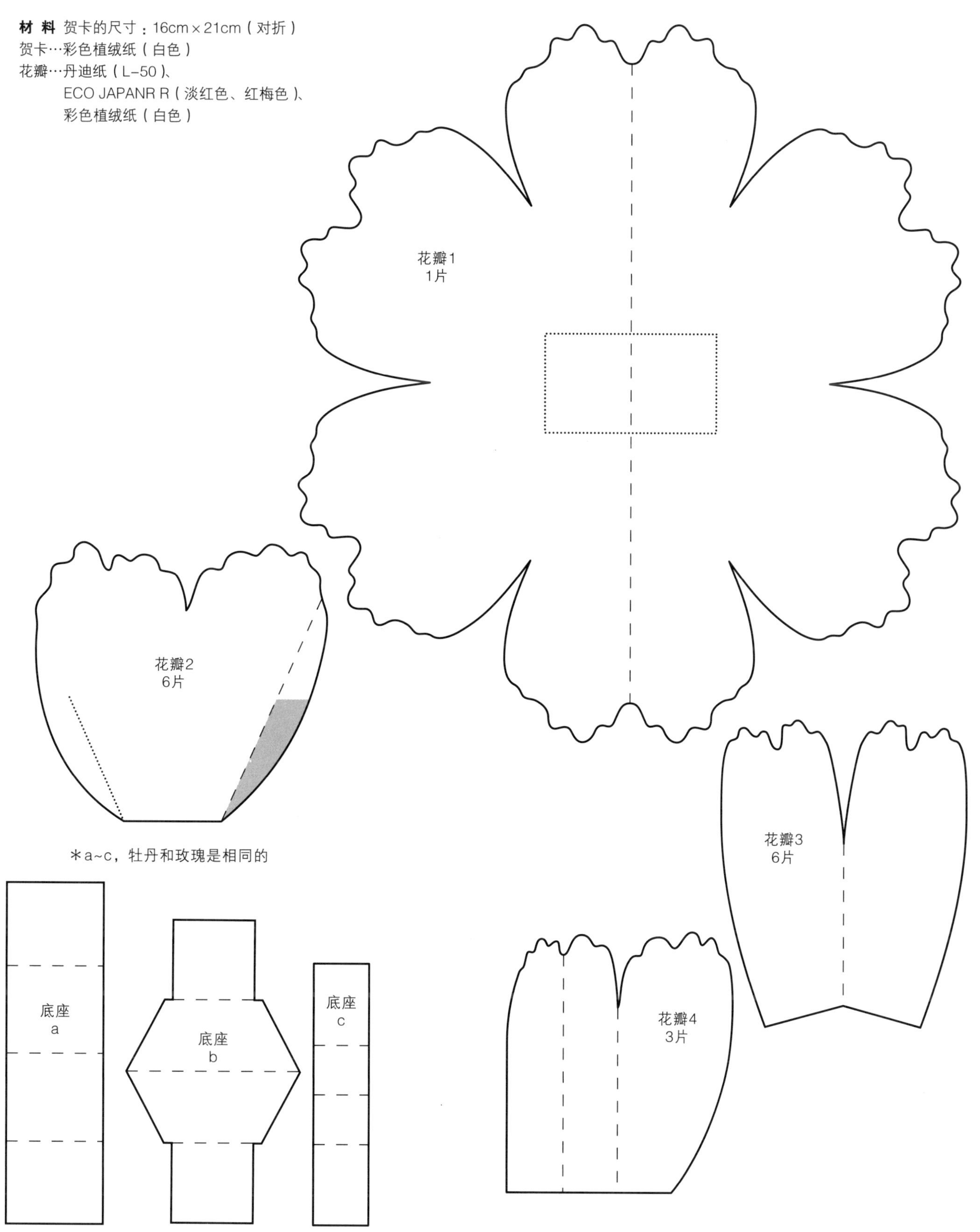

弹出式康乃馨贺卡 p.10

材 料 贺卡的尺寸：

（外侧）14cm×19cm （内侧）12.5cm×17.5cm（对折）

< 红色 >

贺卡外侧…彩色植绒纸（白色）

贺卡内侧…ECO JAPANR R（淡红色）

花瓣…丹迪纸（N-50）、NT 罗纱纸（红梅色）

叶子…彩色植绒纸（淡蓝绿色、灰绿色）

< 绿色 >

贺卡外侧…彩色植绒纸（嫩绿色）

贺卡内侧…缪斯棉纸（橘黄色）

花瓣…丹迪纸（N-61）、彩色植绒纸（竹绿色）

叶子…里纸（青竹色）

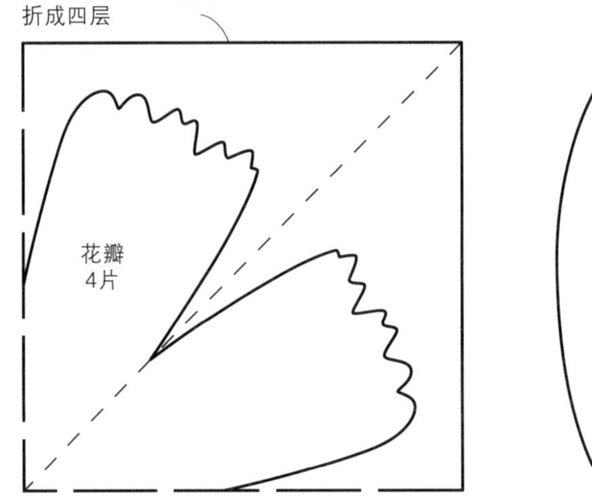

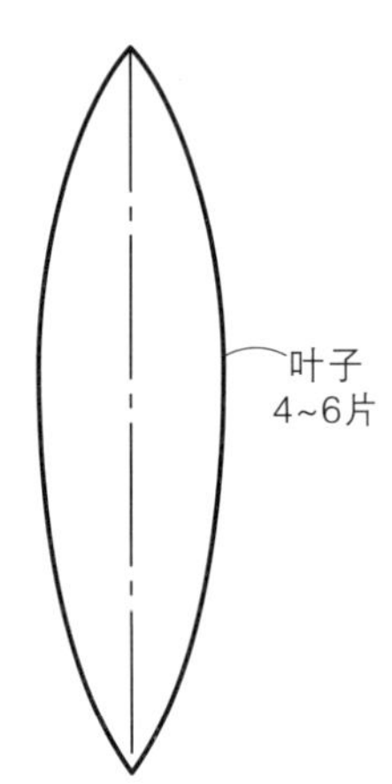

弹出式蒲公英贺卡 p.12

材 料 贺卡的尺寸：14cm×19cm（对折）

贺卡…彩色植绒纸（柠檬黄色）

花瓣…丹迪纸（N-58、L-58）

叶子…彩色植绒纸（黄绿色、淡黄色）、NT 罗纱纸（翠绿色）

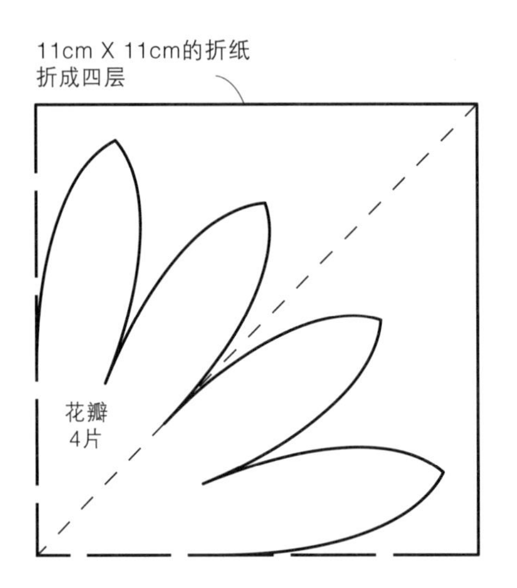

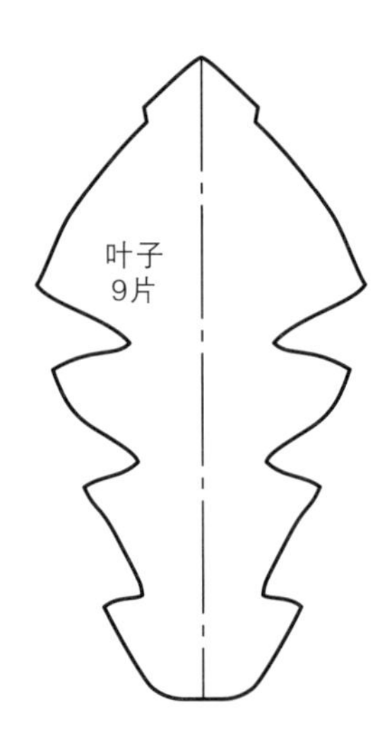

弹出式绣球花贺卡 p.14

材 料 贺卡的尺寸：15cm×21cm（对折）
贺卡…彩色植绒纸（嫩绿色）
花萼…丹迪纸（N-72、L-69）、NT 罗纱纸（紫藤色、蓝色）、彩色植绒纸（淡蓝色）
叶子…丹迪纸（N-65）

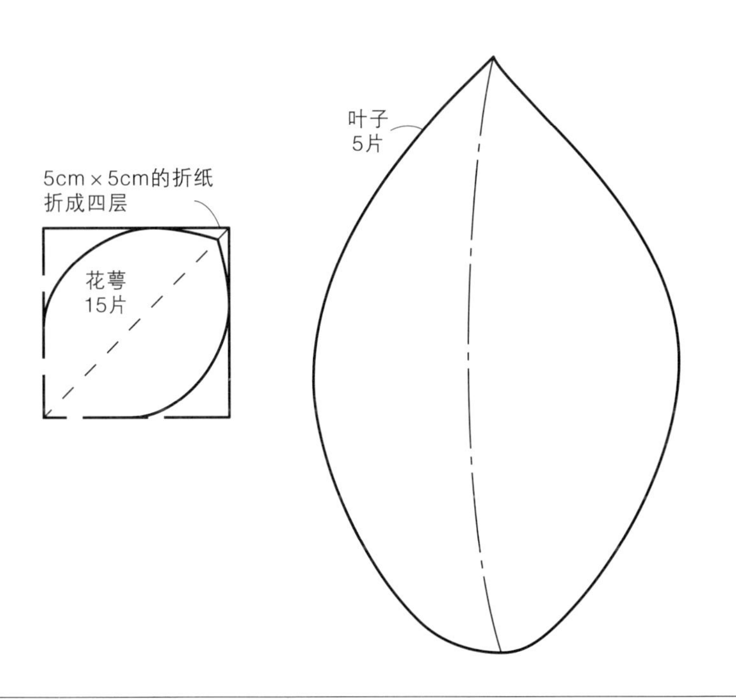

弹出式大波斯菊花束贺卡 p.16

材 料 贺卡的尺寸：15cm×21cm（对折）
贺卡…彩色植绒纸（淡黄色）
花瓣…丹迪纸（N-50、L-50、L-58）、NT 罗纱纸（橘黄色）
花朵中心…丹迪纸（N-58）
包装纸…丹迪纸 SELECT TS-9（N57）

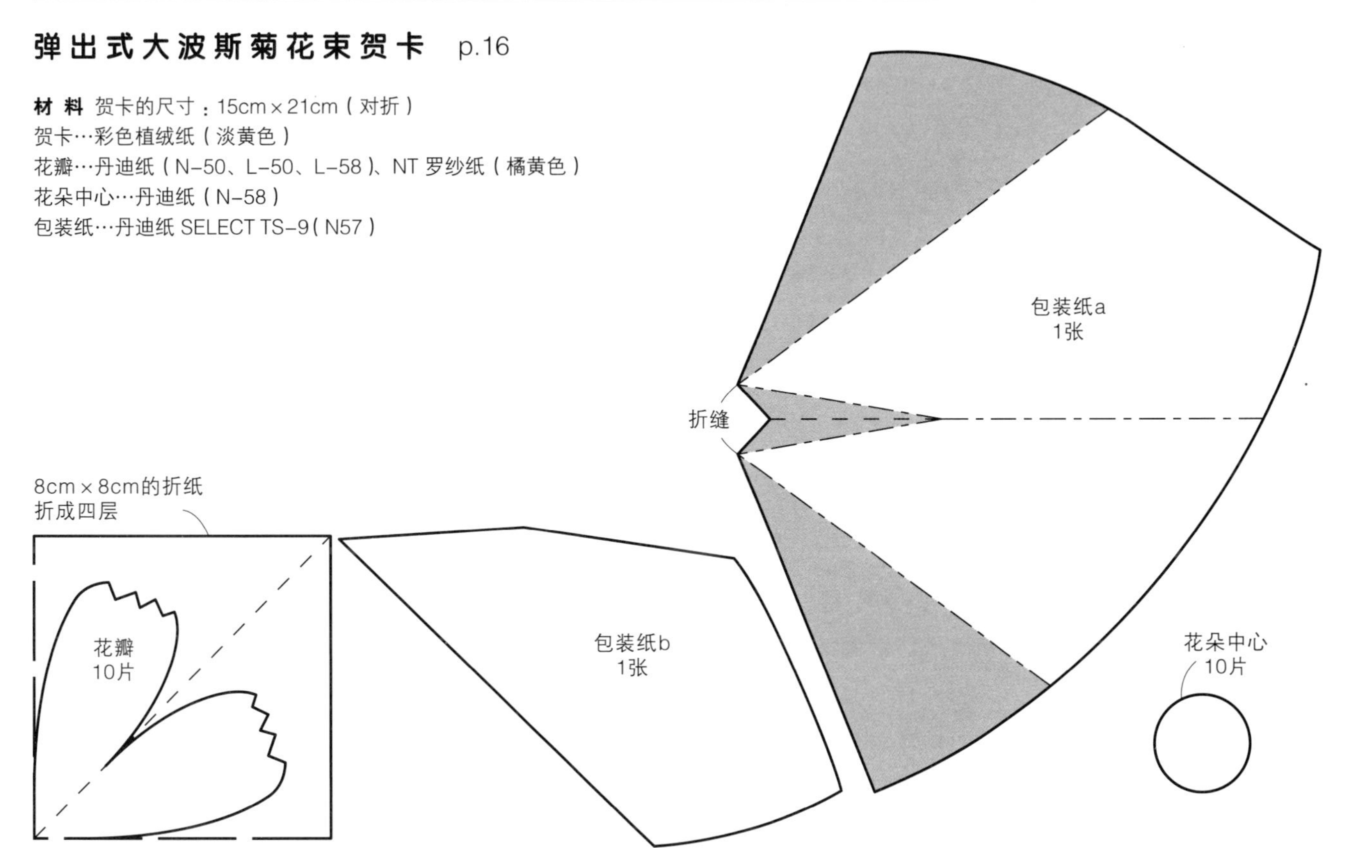

玫瑰与衬花的贺卡 p.18

材 料 贺卡的尺寸：25cm × 16cm（对折）
贺卡…里纸（丝绸）
花瓣…缪斯棉纸（浅红色）、丹迪纸（L–50）
衬花…丹迪纸（N–72）
叶子、藤蔓…里纸（青绿色、松叶色）
纸板…彩色植绒纸（白色）

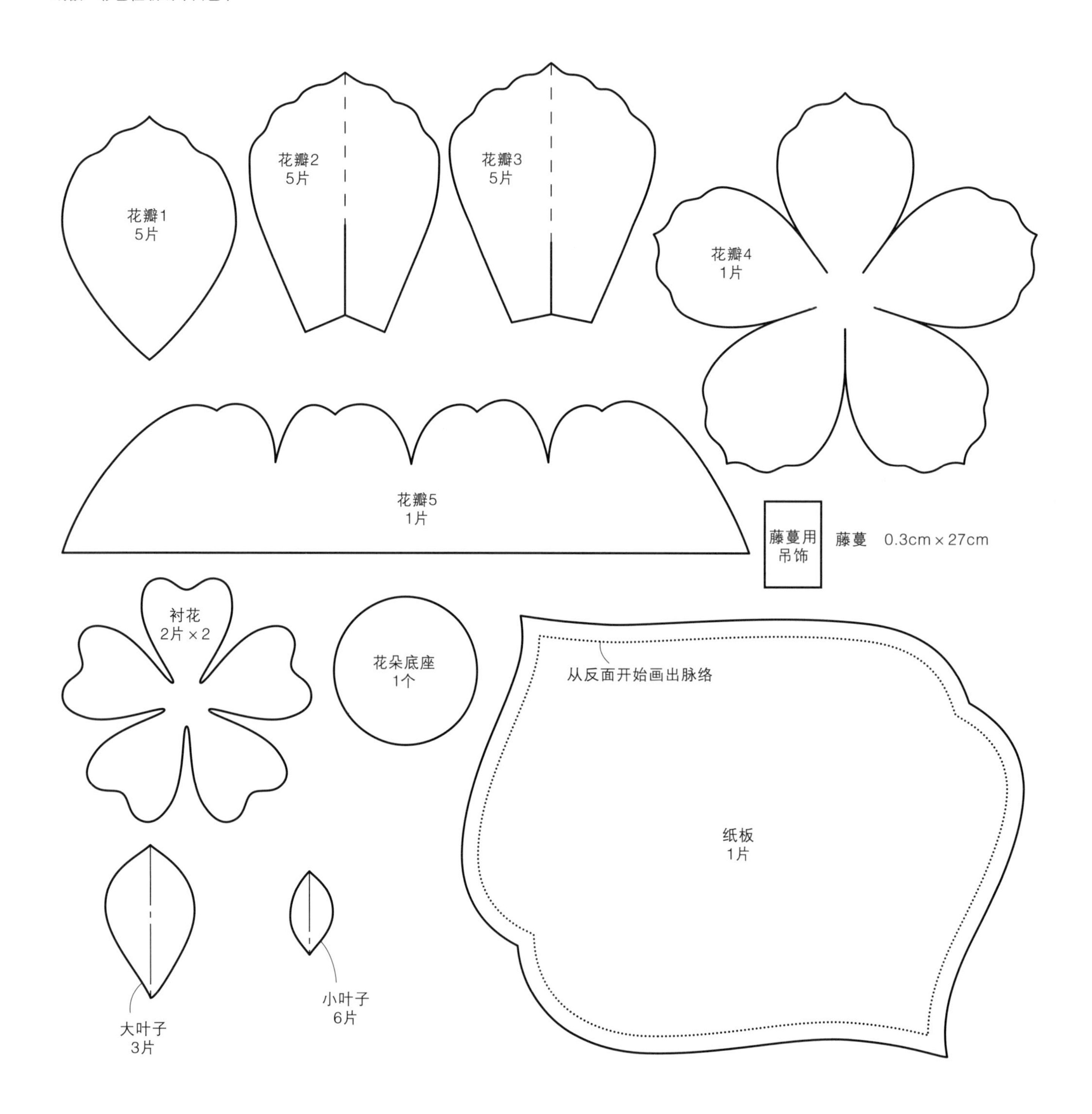

白色花朵贺卡　p.20

材 料 贺卡的尺寸：26cm × 17cm（对折）
贺卡…彩色植绒纸（浅蓝色）
贺卡中央…彩色植绒纸（自然色）
花瓣…彩色植绒纸（自然色）
其他材料…宽 1.8cm 的缎带、珍珠 6 颗

太阳花和金光菊贺卡　p.21

材 料 贺卡的尺寸：18cm × 13.5cm
贺卡…彩色植绒纸（淡黄色）
花瓣…丹迪纸（L–58）、NT 罗纱纸（橘黄色、朱红色）
大花蕊…丹迪纸（N–58）、NT 罗纱纸（朱红色）
小花蕊…里纸（油菜花黄色）、NT 罗纱纸（深咖色）
叶子、藤蔓…丹迪纸（D–63）、里纸（绿色）

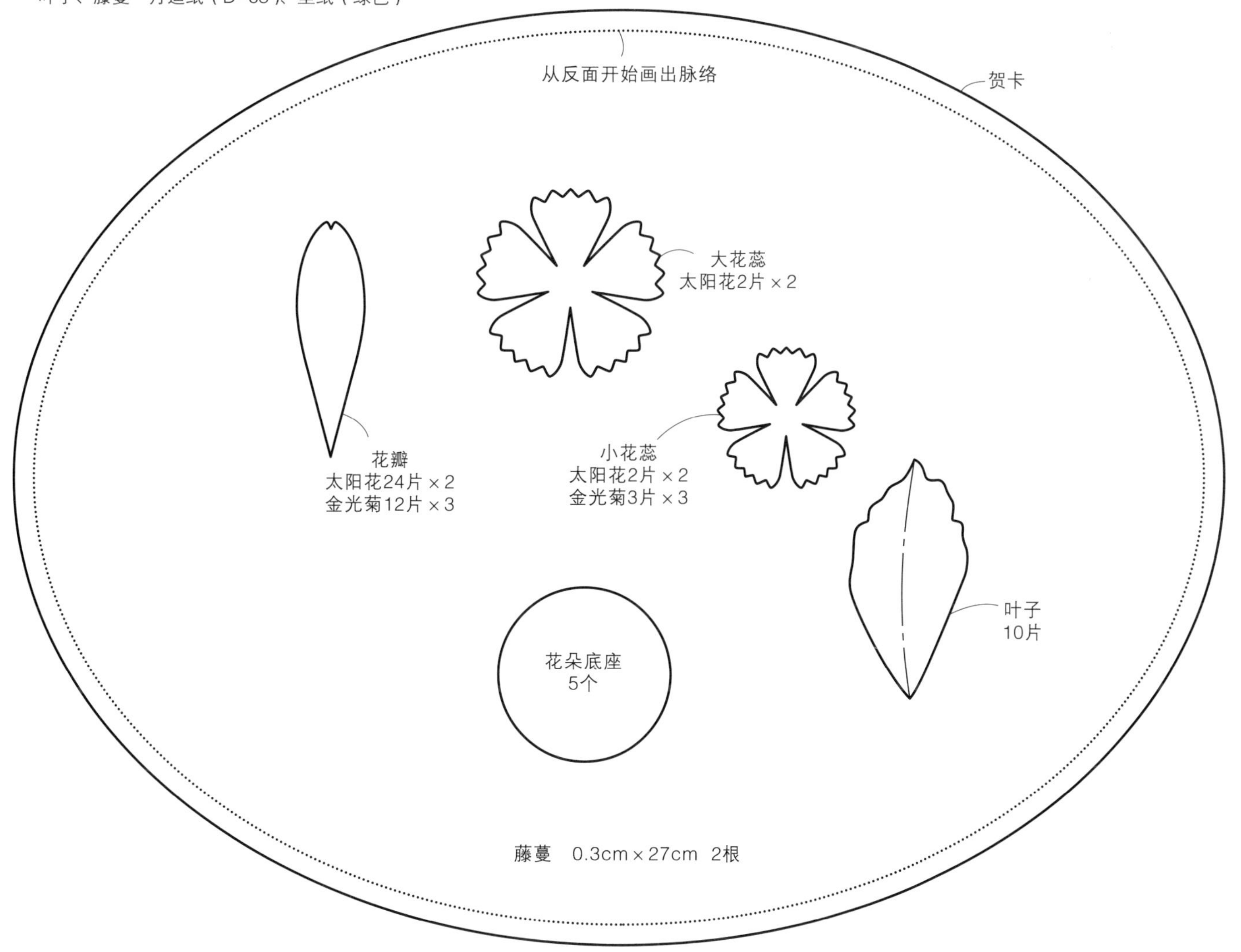

大丽花贺卡 p.22

材 料 贺卡的尺寸：(外侧) 17cm × 24.6cm
(内侧) 16cm × 24cm (对折)
贺卡外侧…NT 罗纱纸（胭脂红色）
贺卡内侧…里纸（鸠羽色）
花瓣…里纸（红梅色）
衬花…里纸（鸠羽色）、丹迪纸（P-50)
叶子、藤蔓…里纸（鸠羽色）
其他…宽 0.3cm 的缎带（2 种颜色）各 40cm

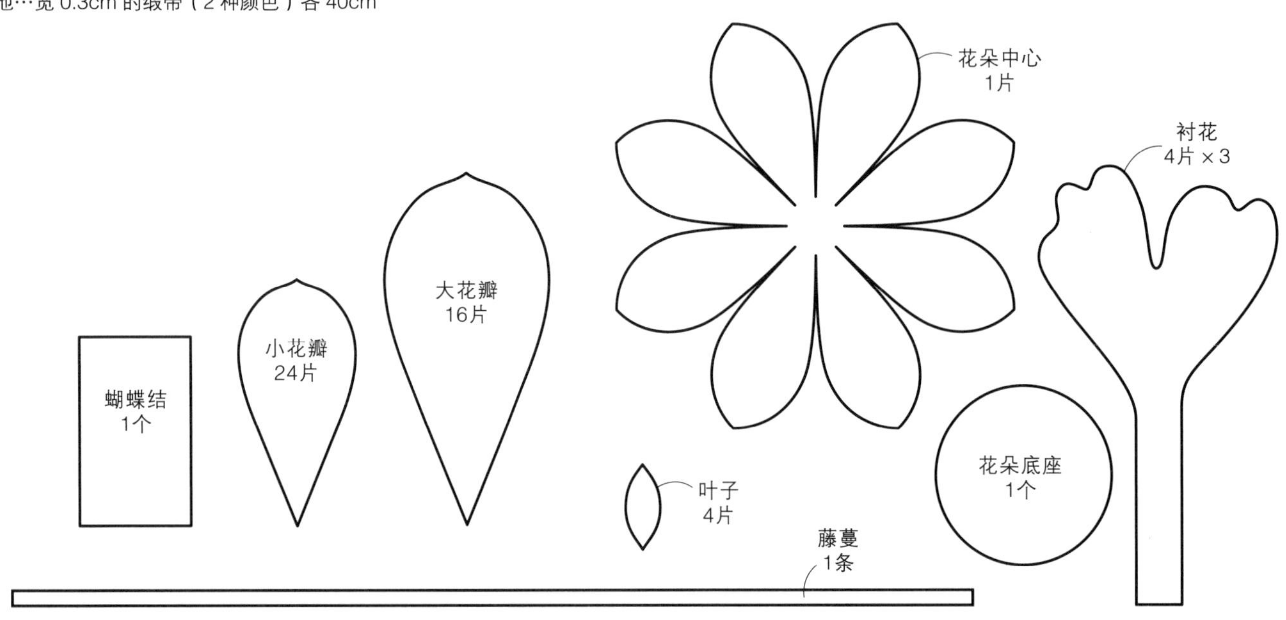

贺卡的组合方法

将2种缎带系到一起，打一个蝴蝶结。

再粘贴到贺卡上，从上面开始粘上蝴蝶结。

在蝴蝶结的上面粘贴大丽花。花朵可以稍微倾斜一点，然后只将花瓣粘贴到蝴蝶结上。

花朵稍微呈浮起的状态。

将衬花插到缝隙中，粘贴。

康乃馨贺卡 p.24

材 料 贺卡的尺寸：26cm × 18cm（对折）
贺卡…彩色植绒纸（浅蓝色）
花瓣…丹迪纸（L–50）、缪斯棉纸（玫红色）
衬花…彩色植绒纸（白色）
缎带…缪斯棉纸（淡茶色）
其他材料…蕾丝纸

衬花花朵中心
2片

衬花
花瓣
9片 × 2

大花瓣
18片 × 2

小花瓣
12片 × 2

花朵底座
2个

衬花花朵底座
2个

缎带
4条

东方花束贺礼袋 p.25

材 料
花朵 A…NT 罗纱纸（红色）
花朵 B…丹迪纸（N–72）
大衬花…NT 罗纱纸（黄绿色）
小衬花…丹迪纸（N–72）、NT 罗纱纸（嫩绿色）
其他材料…细的圆形橡皮筋 18cm、流苏 1 个

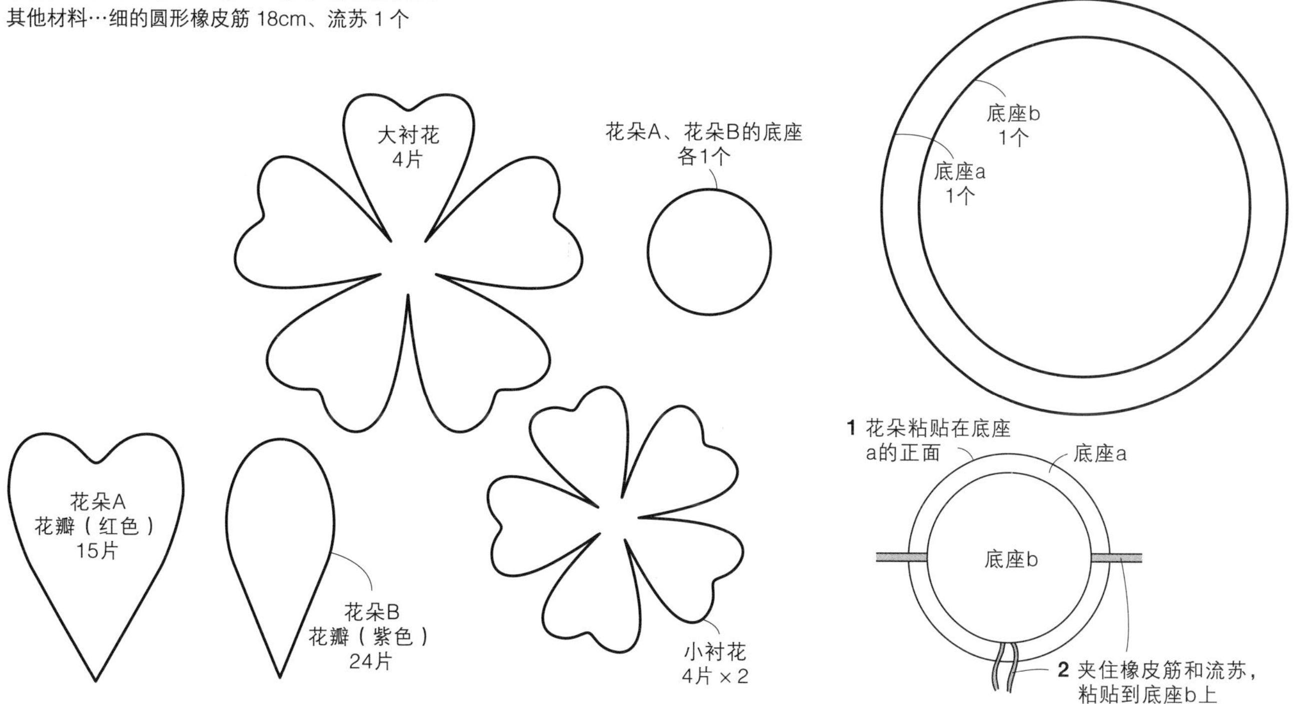

花束留言卡 p.26

材 料 贺卡的尺寸：16cm×21cm

【康乃馨】

花瓣…丹迪纸（L–50)、彩色植绒纸（嫩绿色）

【玫瑰】

花瓣…丹迪纸（L–50)、NT 罗纱纸（红梅色）

【太阳花】

花瓣…丹迪纸（N–57、L–58、L–59)、NT 罗纱纸（金黄色）

【茎】

NT 罗纱纸（嫩绿色）

【叶子】

里纸（青竹色）

【贺卡用纸】

彩色植绒纸（淡黄色、樱红色）

【其他材料】

硬纸板、一次性筷子

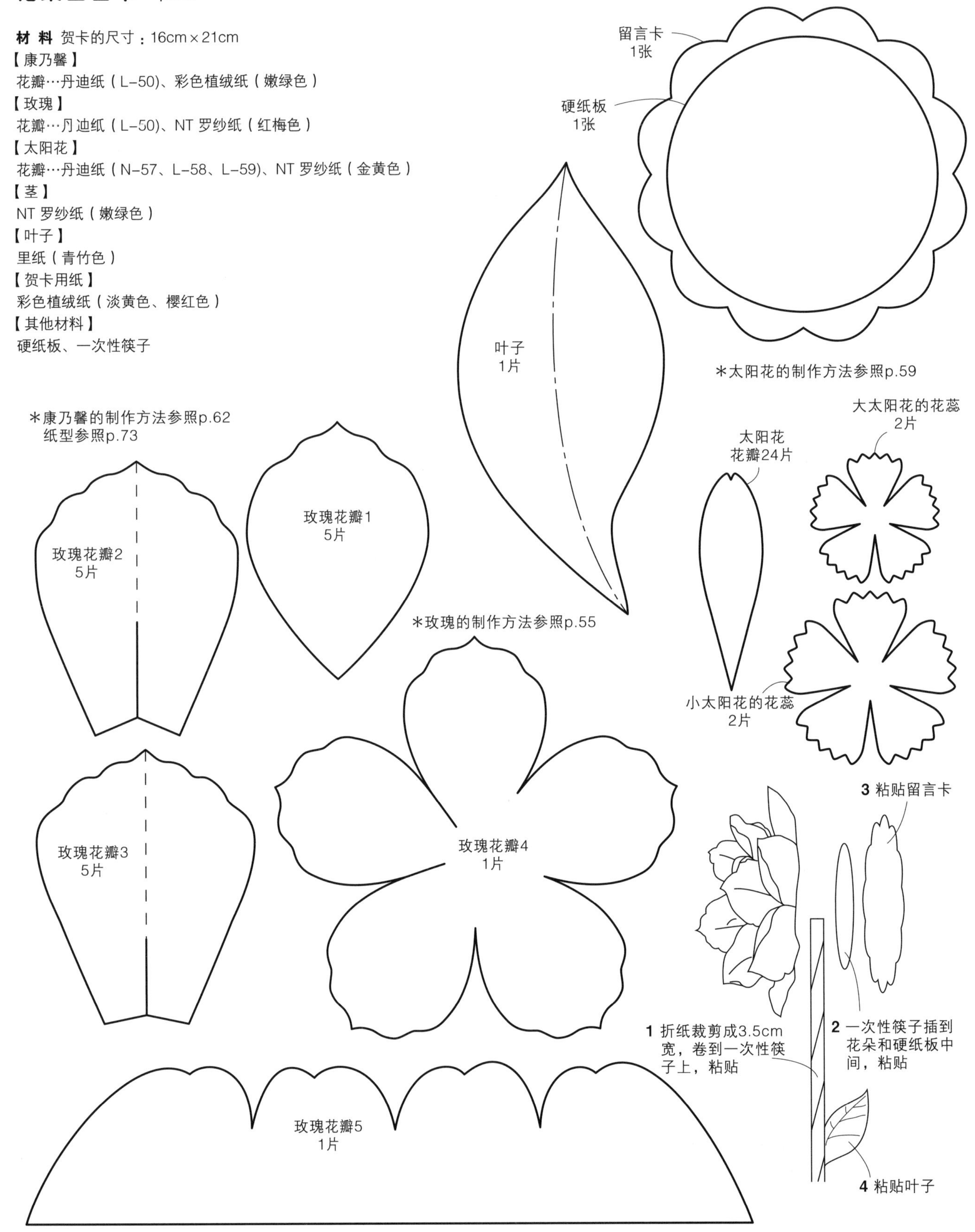

南天竹 p.28

材 料 贺卡的尺寸：11cm×8.5cm
贺卡…彩色植绒纸（淡蓝色）
南天竹果实…里纸（红色、红黑色）
叶子…里纸（青绿色）
雪花…彩色植绒纸（白色）

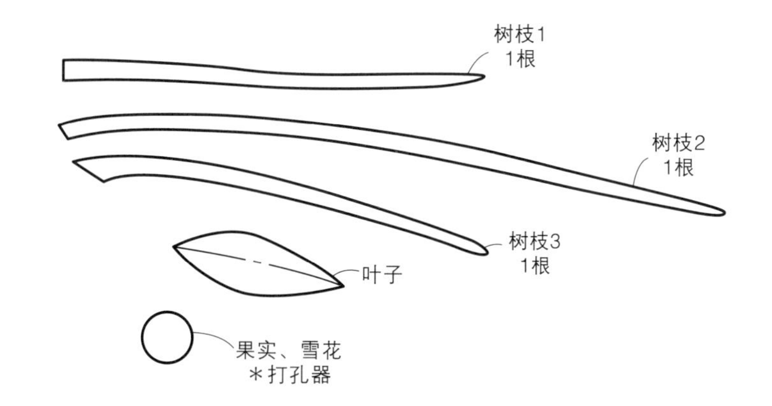

梅花 p.28

材 料 贺卡的尺寸：11cm×8.5cm
贺卡…缪斯棉纸（樱花粉色）
花朵…缪斯棉纸（淡红色）、丹迪纸（L–57）
树枝…里纸（枯叶黄色）

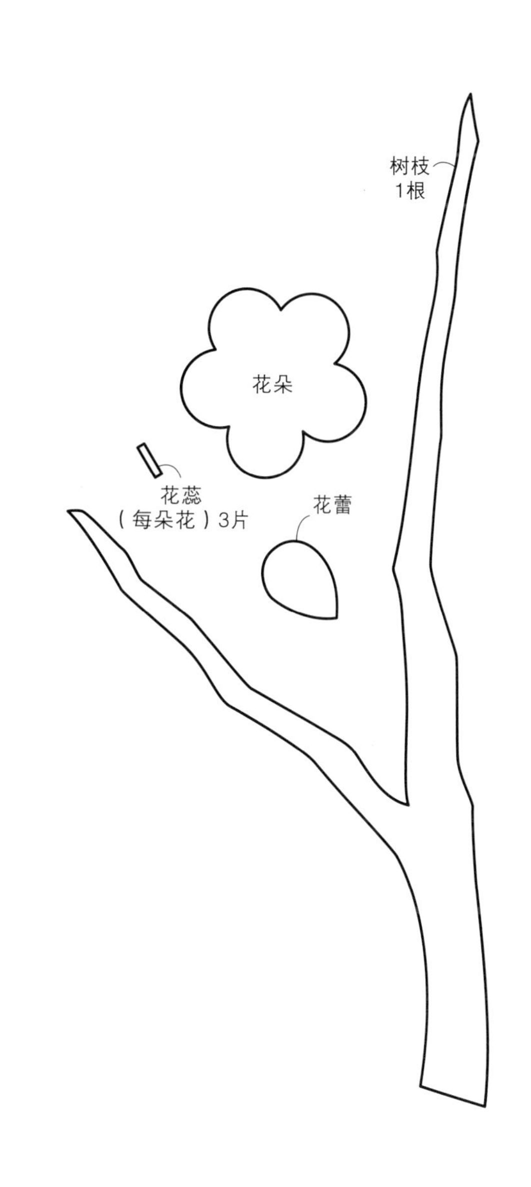

剪纸贺卡

参照 p.28~33 的图片，
粘贴在自己喜欢的位置。
没有标记的部分，
可以按照自己的喜好进行粘贴，
粘贴的时候要注意作品整体的平衡美。
比贺卡多出来的部分，
裁剪成和贺卡相应的尺寸。

春天的花朵

油菜花　p.29

材 料 贺卡的尺寸：11cm × 8.5cm
贺卡…里纸（白色）
花朵…里纸（金黄色）
茎、叶子…丹迪纸（L-62)

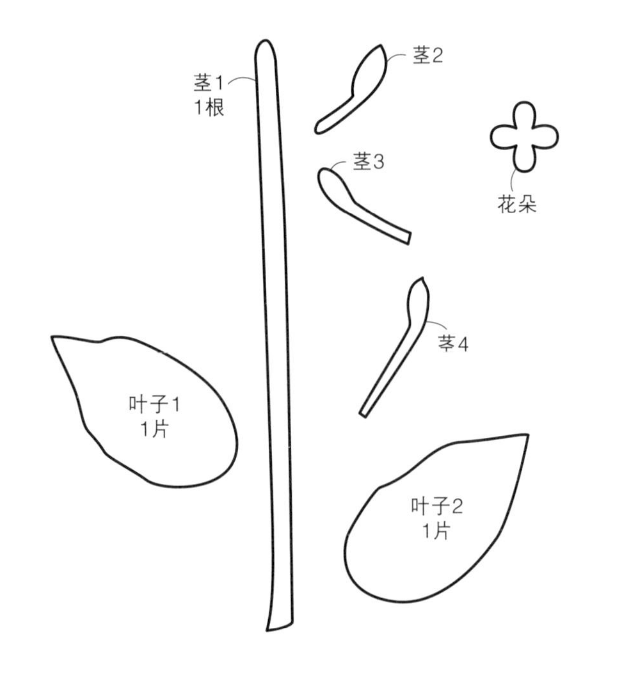

节节草　p.29

材 料 贺卡的尺寸：11cm × 8.5cm
贺卡…里纸（白色）
节节草的顶部…里纸（茶色）
茎…里纸（浅褐色）
叶鞘…里纸（棕色）

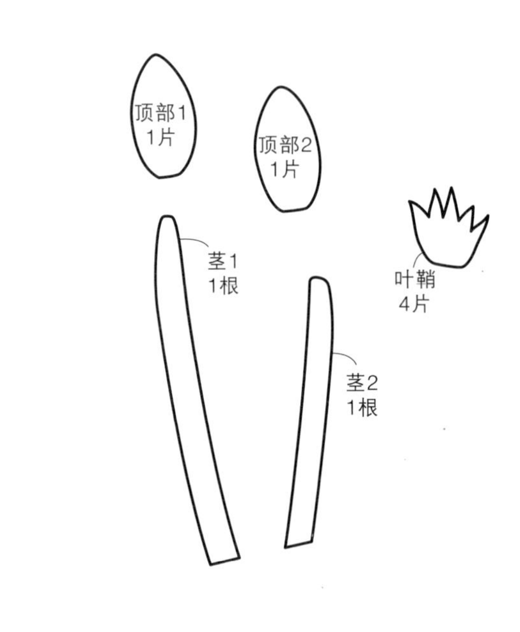

白色三叶草　p.29

材 料 贺卡的尺寸：11cm × 8.5cm
贺卡…里纸（油菜花黄色）
花朵…里纸（白色）
茎…里纸（竹青色）
叶子…里纸（竹青色）、丹迪纸（L-62）

牵牛花 p.30

材 料 贺卡的尺寸：明信片的大小
贺卡…里纸（青釉色）
花瓣…里纸（淡蓝色、梅红色）
花朵中央…里纸（白色）
叶子…里纸（竹青色、青绿色）

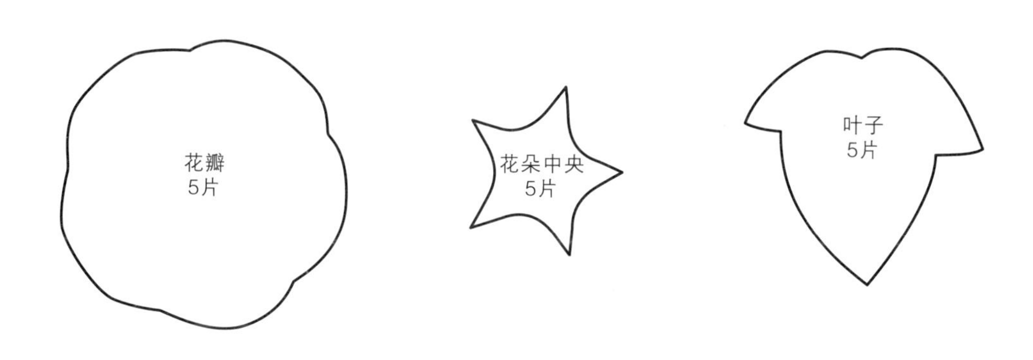

向日葵 p.30

材 料 贺卡的尺寸：明信片的大小
贺卡…彩色植绒纸（淡黄色）
花瓣…里纸（金黄色）
网格花样…里纸（芥末黄色）
叶子…丹迪纸（L–58）

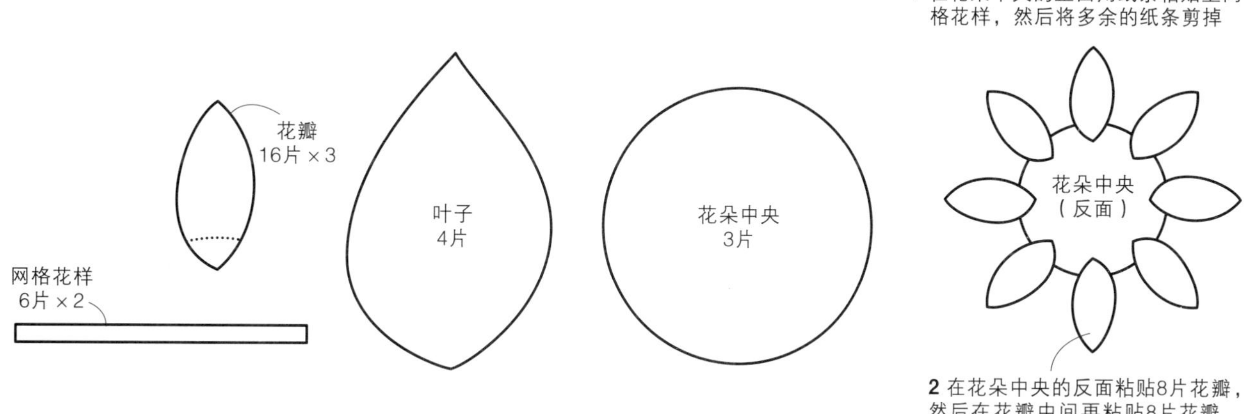

落叶 p.31

材 料 贺卡的尺寸：明信片的大小
贺卡…彩色植绒纸（象芽色）
落叶…里纸（深棕色、黄色、青瓜色）
标签…里纸（杏色）

*叶脉的画法参照p.47。纸型中的指示线是一个示例。参照p.31，然后按照自己的喜好画出脉络

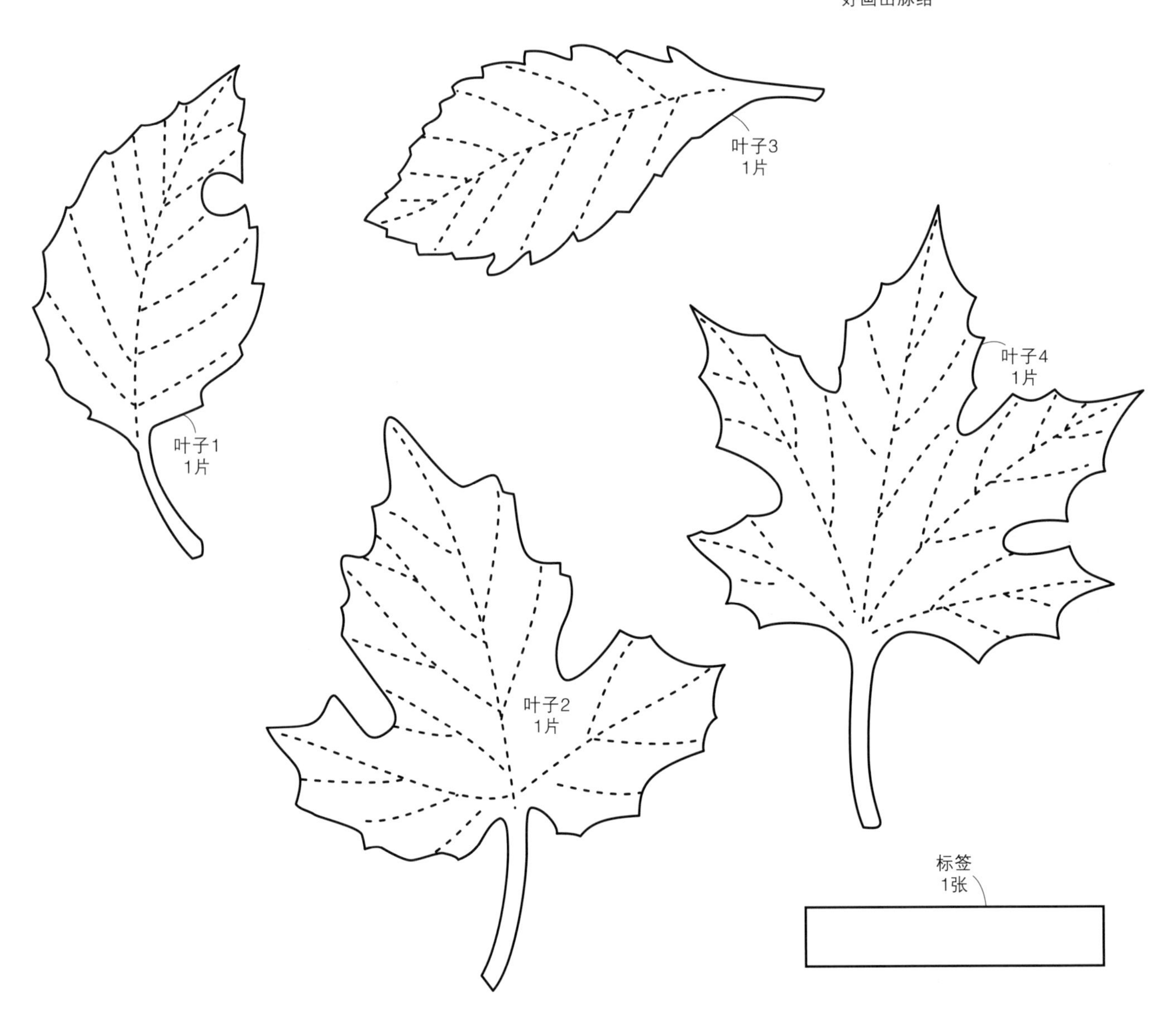

一品红 p.31

材 料 贺卡的尺寸：10cm × 13.5cm
贺卡…彩色植绒纸（绿色）
树…彩色植绒纸（自然色）
一品红…彩色植绒纸（红色）
中心…里纸（芥末黄色）

一品红
各1片

树
1棵

中心
3片
＊打孔器

春天的小野花贺卡 p.32

材 料 贺卡的尺寸：

（外侧）16cm×23cm （内侧）17cm×24cm（对折）

贺卡外侧…彩色植绒纸（自然色）
贺卡内侧…里纸（樱花粉色）
花朵 1…里纸（浅红色）
花朵 2…里纸（梅红色）
叶子 1、叶子 2…（浅绿色）

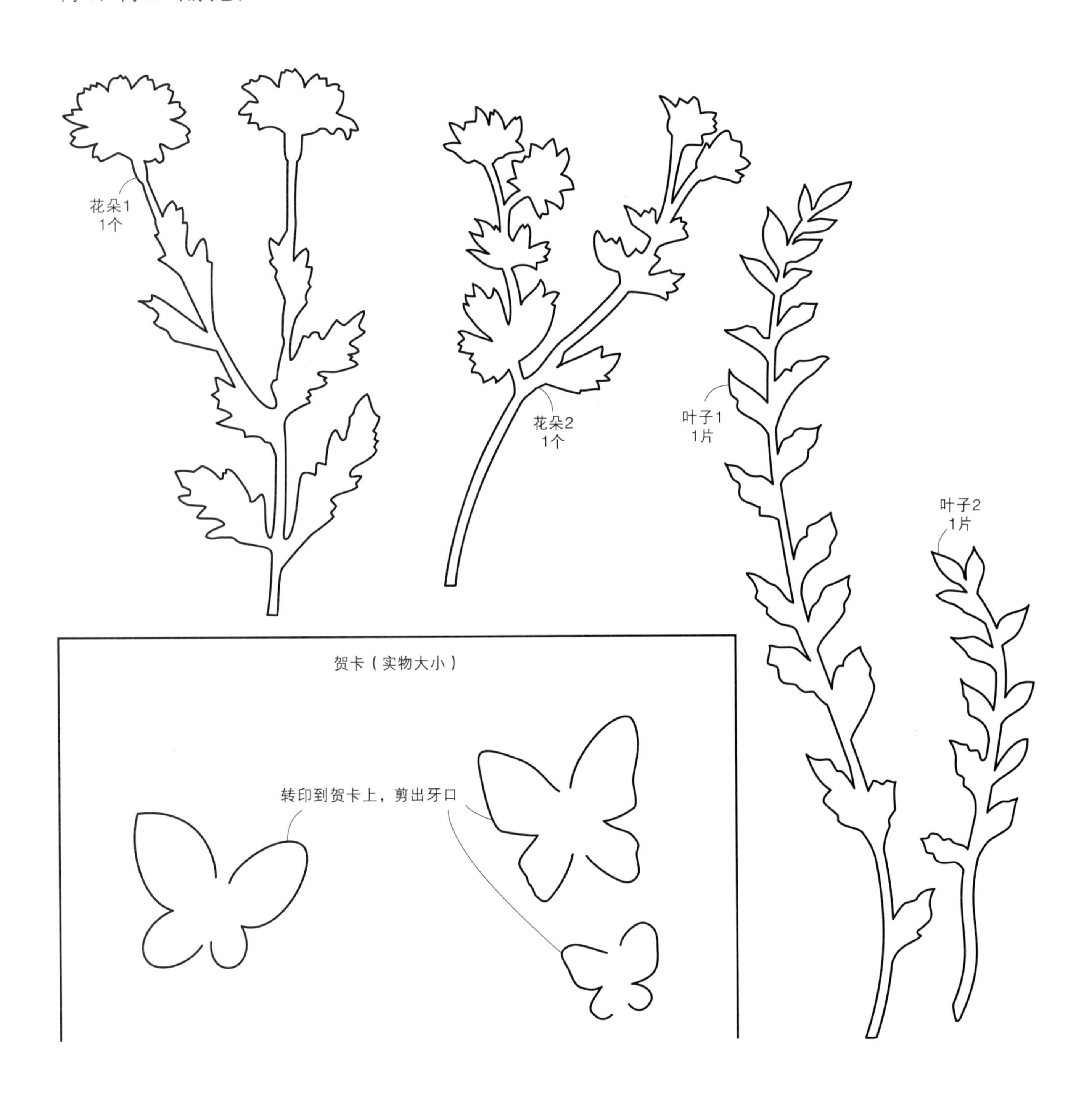

秋天的小野花贺卡 p.33

材 料 贺卡的尺寸：

（外侧）16cm×23cm （内侧）17cm×24cm（对折）

贺卡外侧…NT 罗纱纸（黄红色）

贺卡内侧…里纸（梅红色）

叶子 1...NT 罗纱纸（杏色）、彩色植绒纸（艾蒿绿色）

叶子 2…NT 罗纱纸（落叶色、深棕色）

叶子 3…里纸（瓜绿色）

叶子 4…NT 罗纱纸（深棕色）

小花枝…彩色植绒纸（艾蒿绿色）

花朵 1... 里纸（金黄色）

花朵 2…里纸（金黄色）

果实…彩色植绒纸（红色）

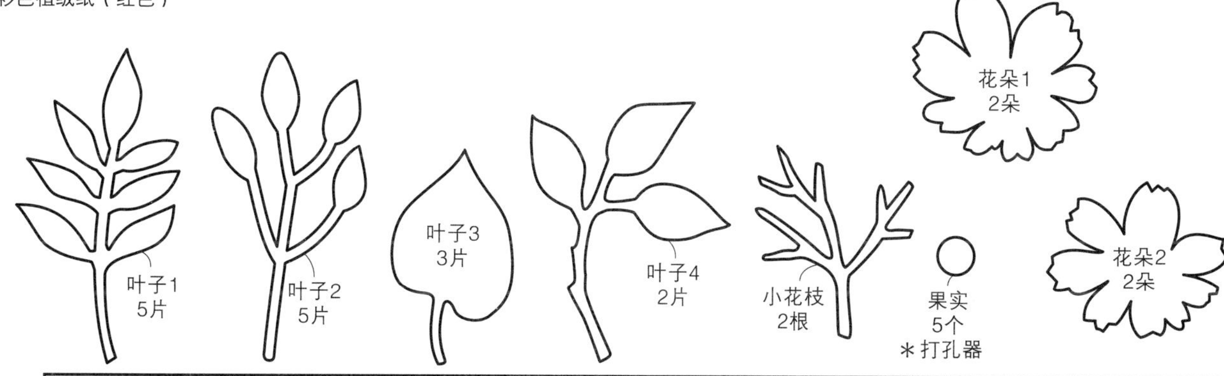

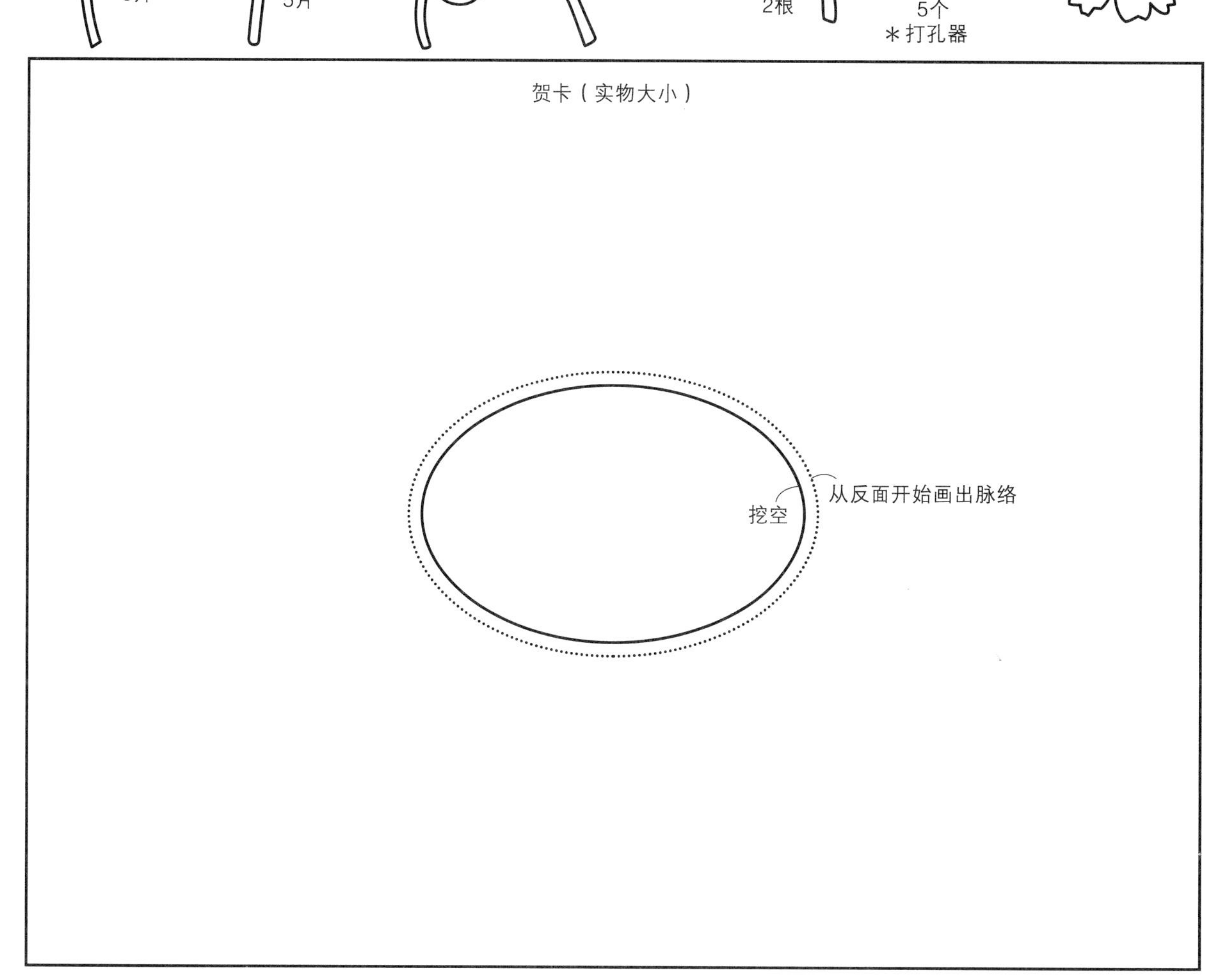

新年贺卡 p.34

材 料 贺卡的尺寸：

（外侧）13cm × 19cm （内侧）12cm × 18cm（对折）

贺卡外侧…NT 罗纱纸（红色）

贺卡内侧…彩色植绒纸（白色）

花朵…NT 罗纱纸（红色）、缪斯棉纸（淡红色、浅红色）

花蕊…丹迪纸（L–57）

其他材料…水引线（红色、金色）各 4 根、带花纹的折纸

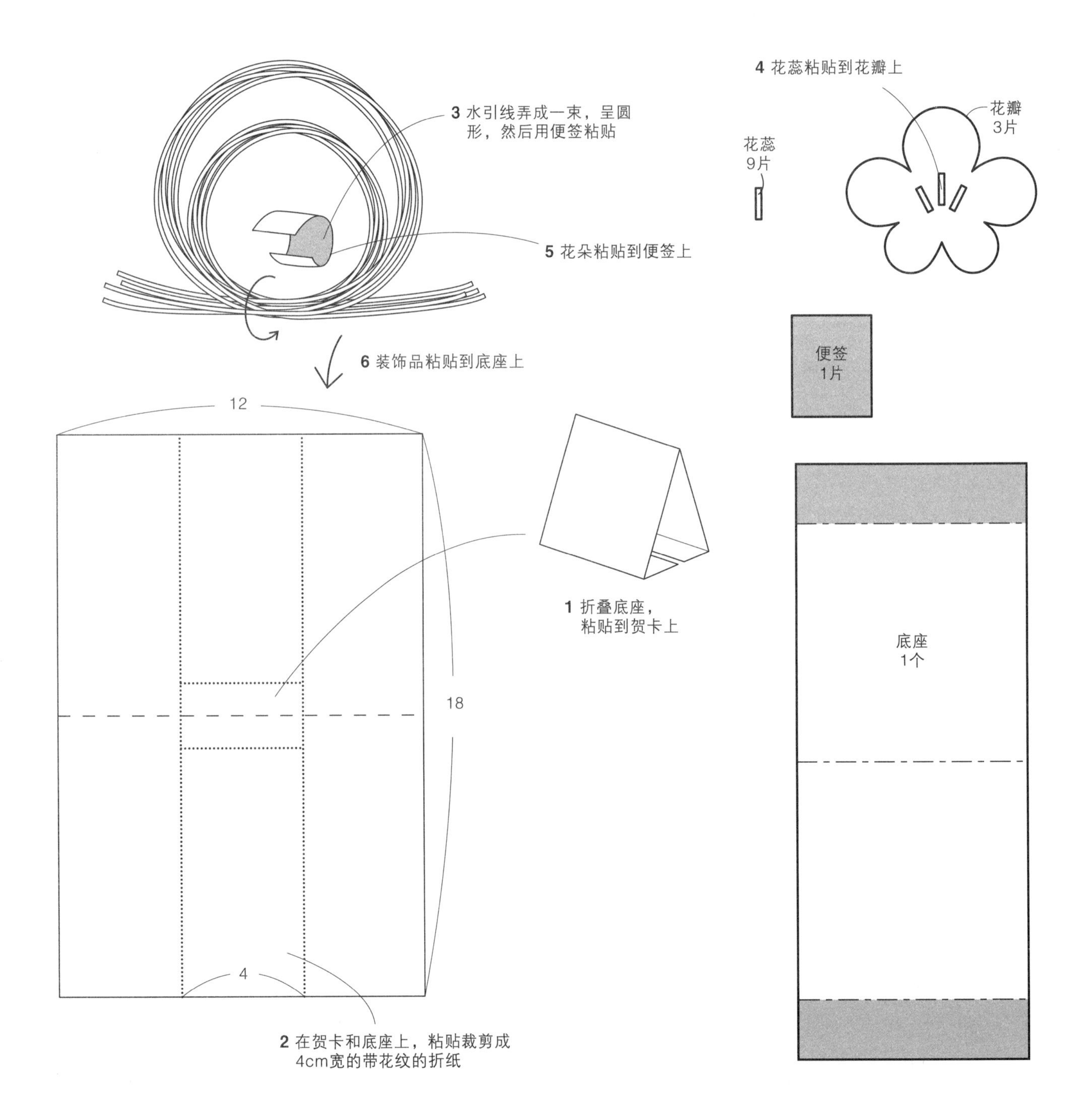

情人节贺卡 p.35

材 料 贺卡的尺寸：11cm×15cm（对折）
<红色>
贺卡、底座…彩色植绒纸（白色）
花朵…NT 罗纱纸（红色）
心形…缪斯棉纸（红梅色）
<彩色>
贺卡、底座…彩色植绒纸（白色）
花朵…NT 罗纱纸（金黄色）、丹迪纸（L–58、L–69）、
缪斯棉纸（玫红色）
心形…花样折纸

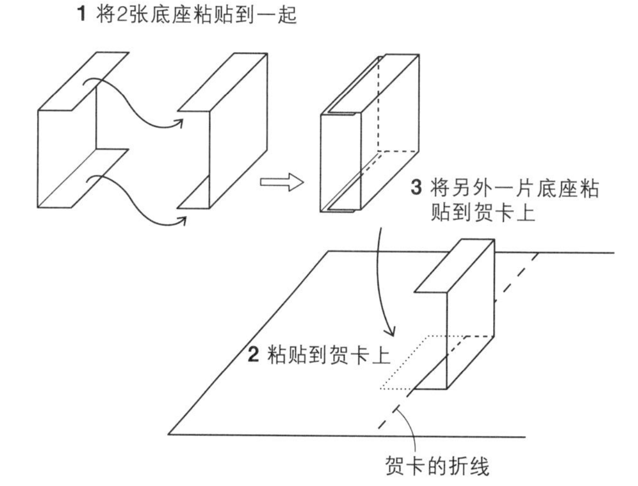

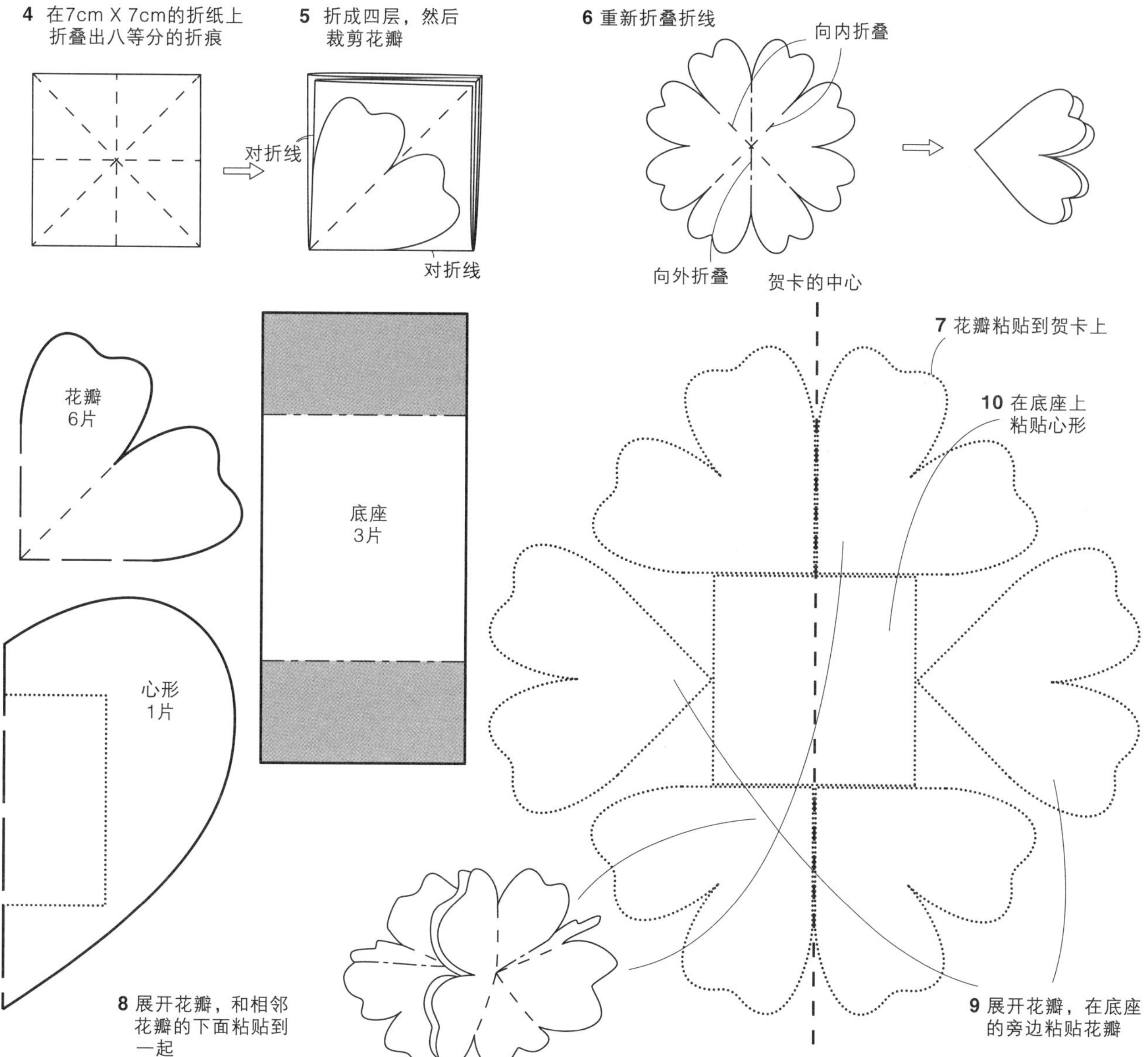

入园入学贺卡 p.36

材 料 贺卡的尺寸：22cm×11cm
贺卡、底座…彩色植绒纸（白色）
花瓣…丹迪纸（L-50）、缪斯棉纸（淡红色）
留言卡…彩色植绒纸（淡黄色）
其他材料…水引线（红色）1根

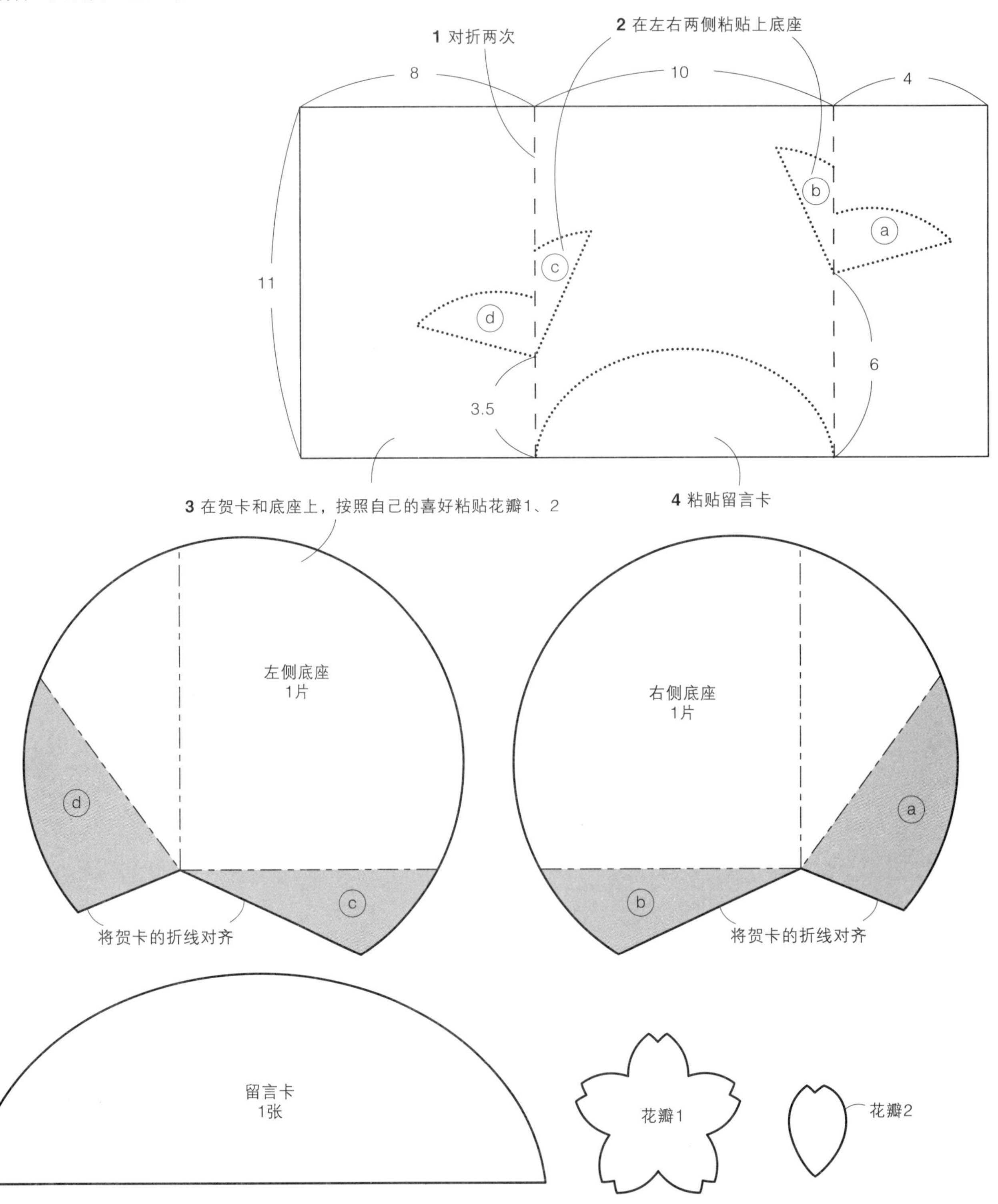

父亲节、母亲节贺卡 p.37

材 料 贺卡的尺寸：14cm×20cm（对折）

【父亲节贺卡】

贺卡…彩色植绒纸（淡蓝色）

花瓣…丹迪纸（L-58）

饰品…彩色植绒纸（黄绿色）、NT 罗纱纸（淡蓝色）

其他材料…胶带

【母亲节贺卡】

贺卡…缪斯棉纸（紫红色）

花瓣…丹迪纸（N-50）

饰品…彩色植绒纸（自然色、奶白色、淡蓝色）、NT 罗纱纸（蔷薇色）

其他材料…胶带

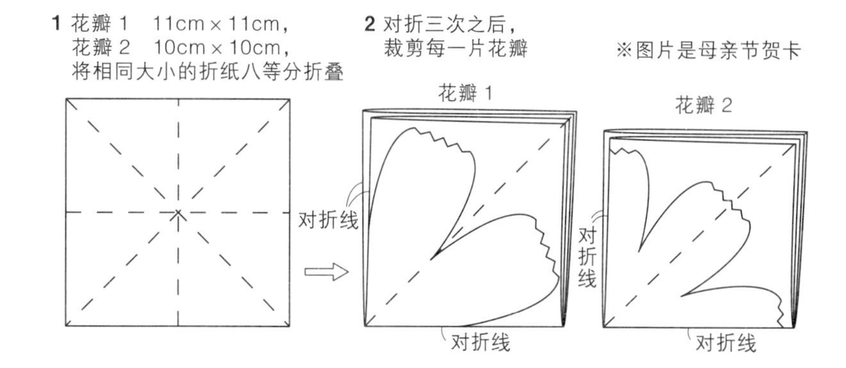

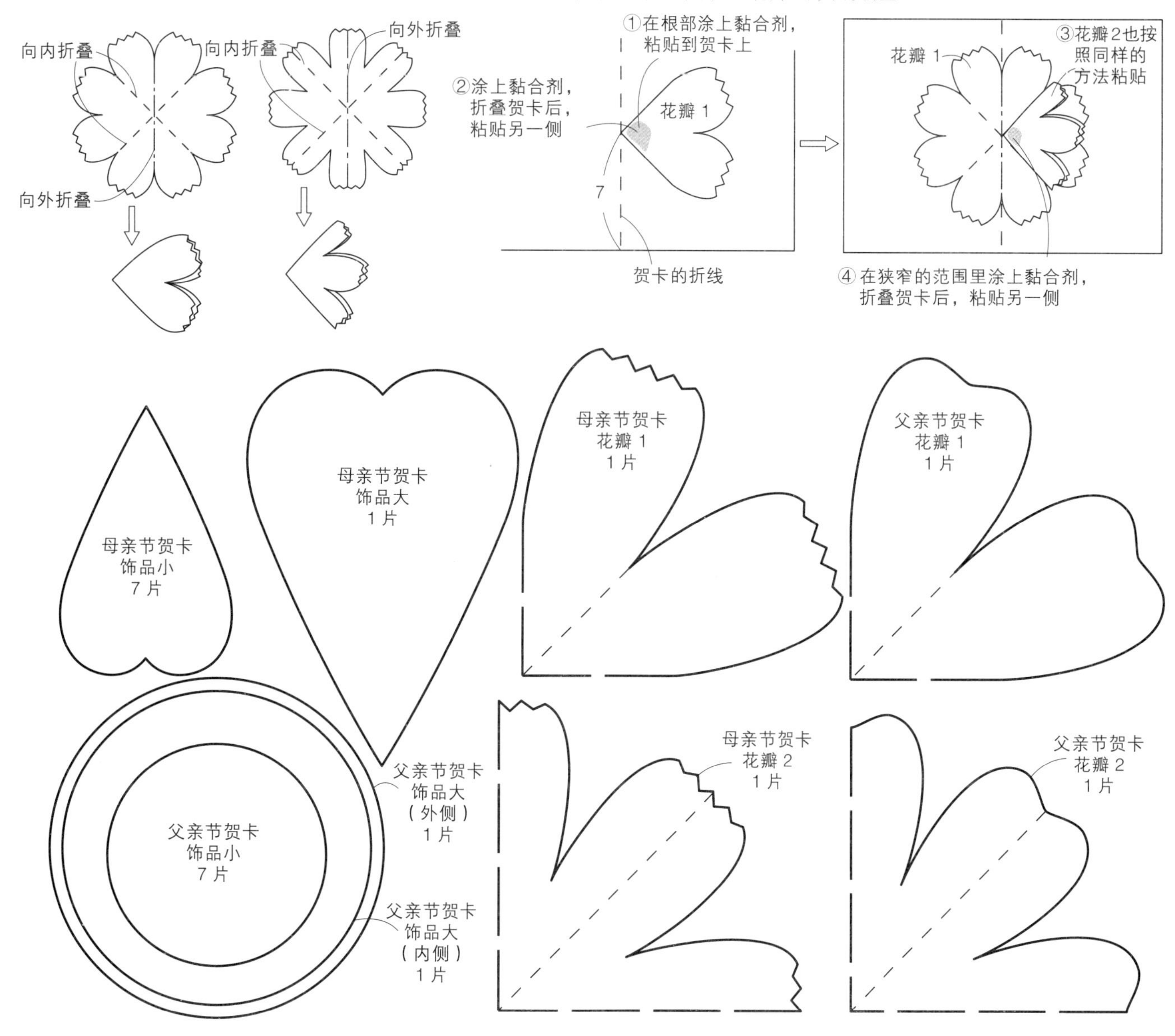

万圣节贺卡 p.38

材 料

南瓜、盒子…彩色植绒纸（金黄色）

面部（眼睛、鼻子、嘴巴）、蝙蝠…彩色植绒纸（黑色）

其他材料…宽 2cm 的缎带 适量

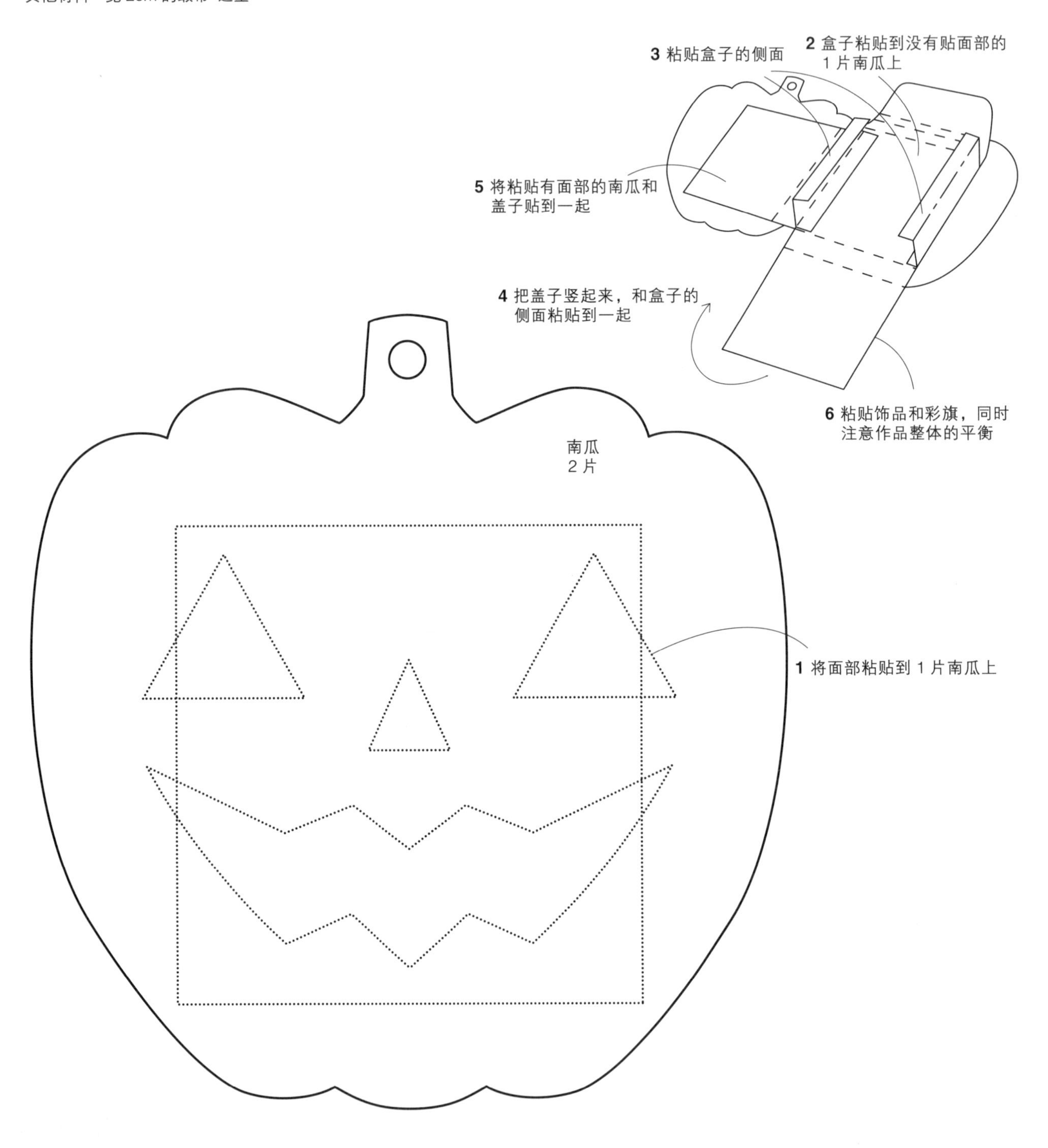

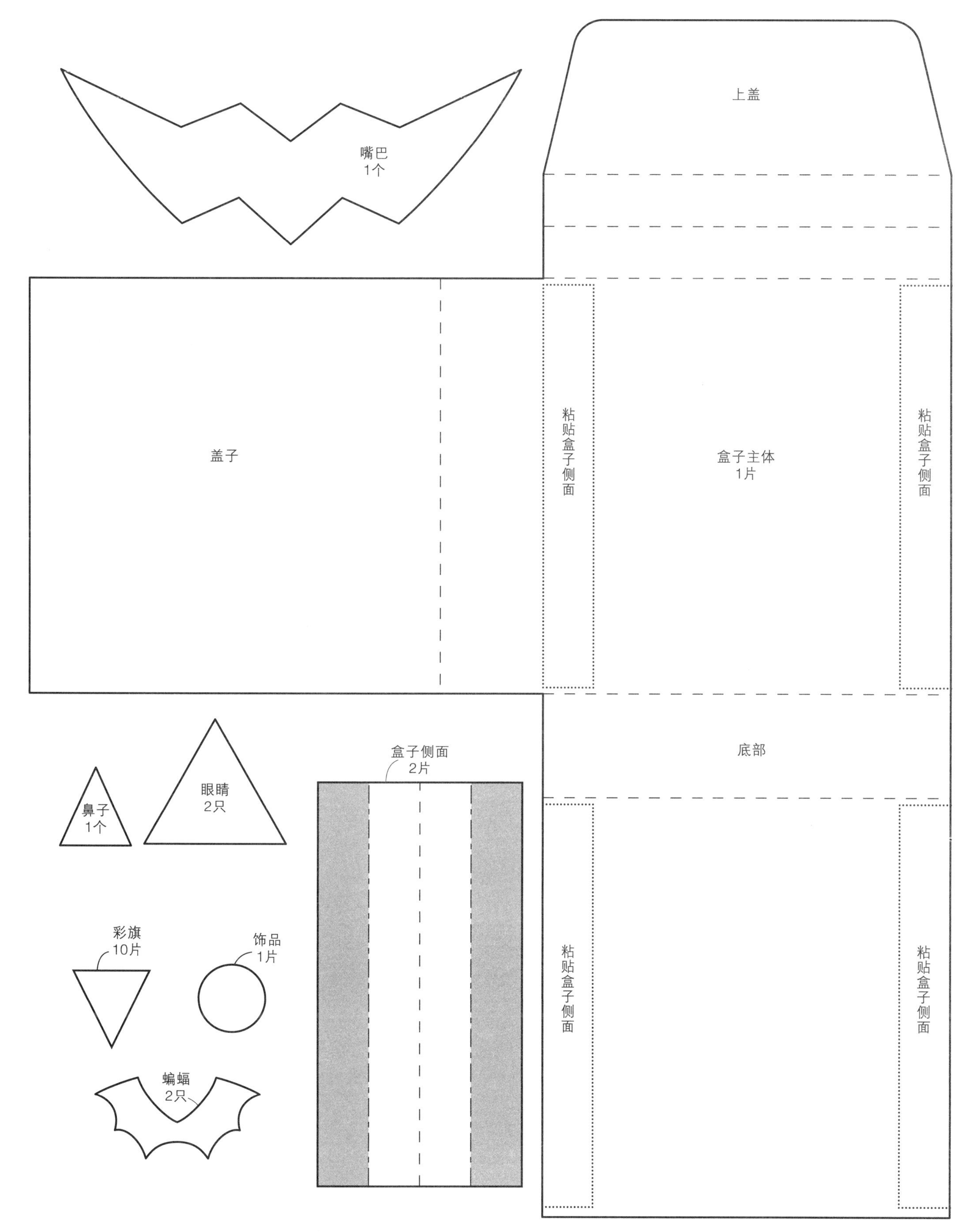
嘴巴
1个
上盖
盖子
粘贴盒子侧面
盒子主体
1片
粘贴盒子侧面
底部
盒子侧面
2片
眼睛
2只
鼻子
1个
粘贴盒子侧面
粘贴盒子侧面
彩旗
10片
饰品
1片
蝙蝠
2只

圣诞节贺卡 p.39

材 料 贺卡的尺寸：26cm×13cm（对折）
贺卡、底座、花环…丹迪折纸
一品红、果实…NT 罗纱纸（红色）
叶子…NT 罗纱纸（绿色）
花环的装饰…里纸（芥末黄色）
其他材料…宽 1cm 的缎带 45cm

13
13
5 缎带粘贴一圈，在中间位置粘贴打成蝴蝶结
5.5
a
9
3 花环粘贴到贺卡和底座上
b
c
2 底座粘贴到贺卡上
b
c
（花环一侧）
4 粘贴2片叶子和果实
1

a
花环
1片
1 将10片叶子粘贴到花环上，然后在上面再粘贴一品红和花环的装饰
果实、花环的装饰
*打孔器
叶子
12片
一品红
5片
b
底座
1片
（花环一侧）
c

花环贺卡 p.23

材 料 贺卡的尺寸：26cm × 17.5cm（对折）
贺卡…里纸（白色）
花瓣…彩色植绒纸（自然色）、丹迪纸（L-57）、里纸（芥末绿色）
叶子…里纸（青绿色、茶绿色）、NT 罗纱纸（深绿色）
标签…里纸（栗色）
其他材料…纸带 17.3cm 3 根、麻绳适量

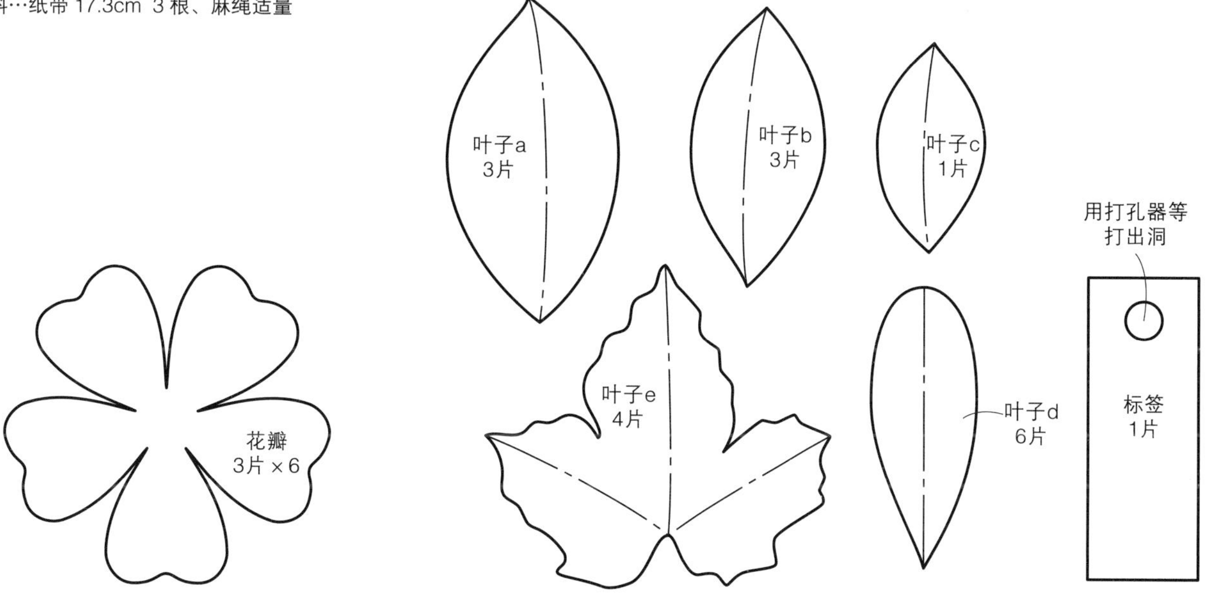

睡莲的叶子 p.08

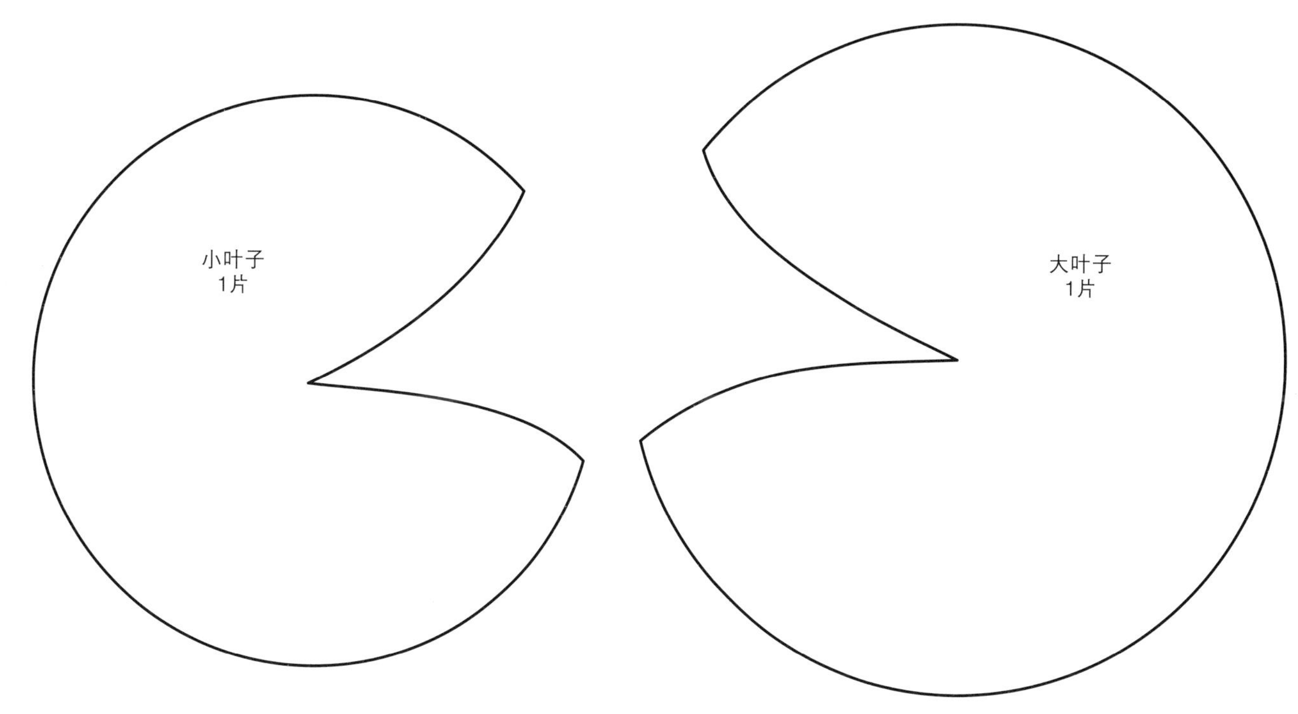

礼物盒贺卡 p.40

材 料 贺卡的尺寸：21cm × 15cm（对折）
贺卡…彩色植绒纸（黄色）
盒子…彩色植绒纸（淡蓝绿色）
花朵…丹迪纸（N–57、L–50、N–72）、NT 罗纱纸（橘黄色）
留言卡…彩色植绒纸（金黄色）
其他…宽 0.3cm 的缎带 50cm、带花纹的折纸、胶带

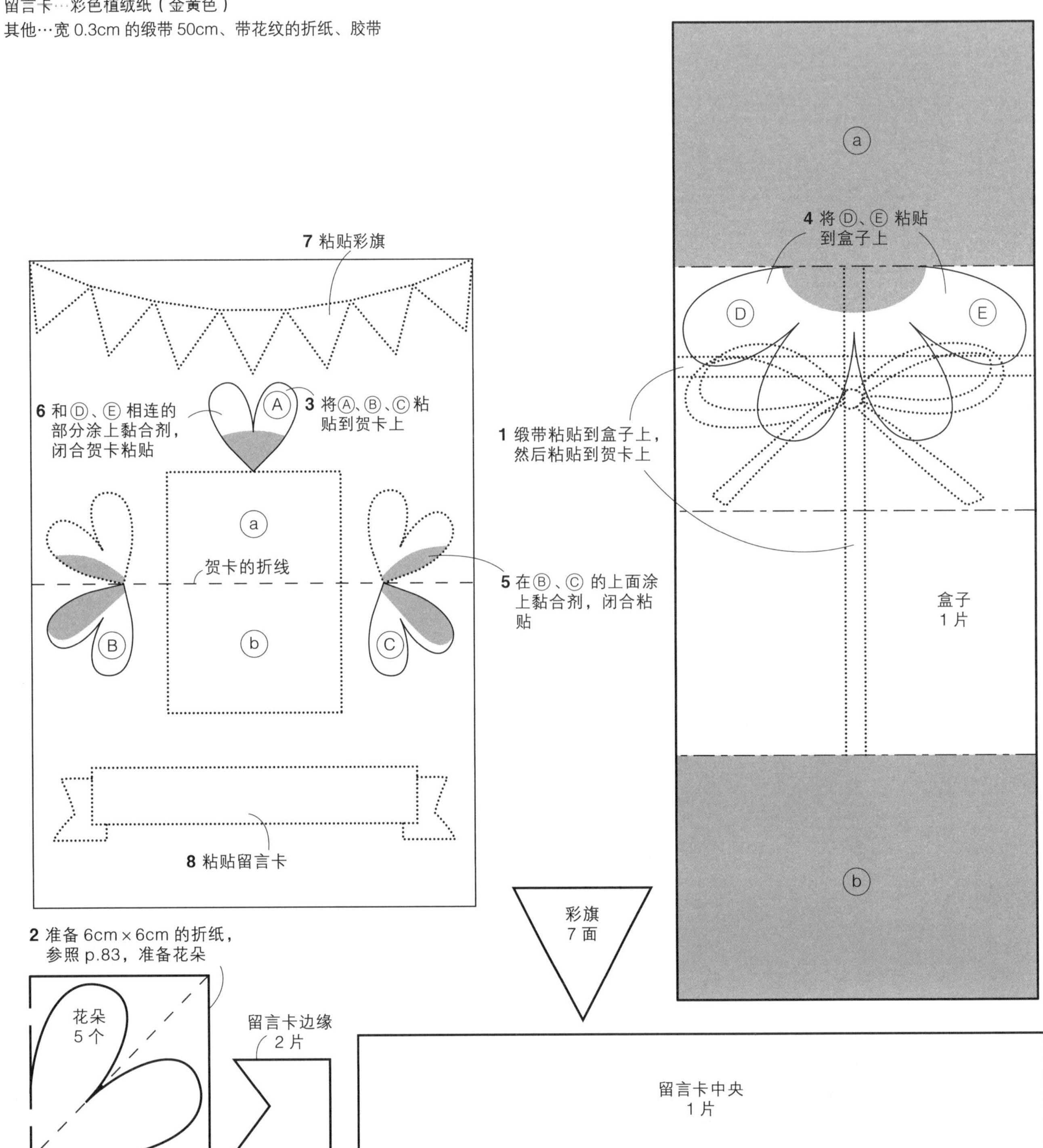

生日蛋糕贺卡 p.41

材 料 贺卡的尺寸：18cm × 13cm（对折）
贺卡…带底座的折叠贺卡
海绵…缪斯棉纸（肤色）
奶油…彩色植绒纸（白色）
蓝莓…缪斯棉纸（红色）、NT 罗纱纸（藏蓝色）
巧克力、留言卡…深棕色（较厚的褐色折纸）

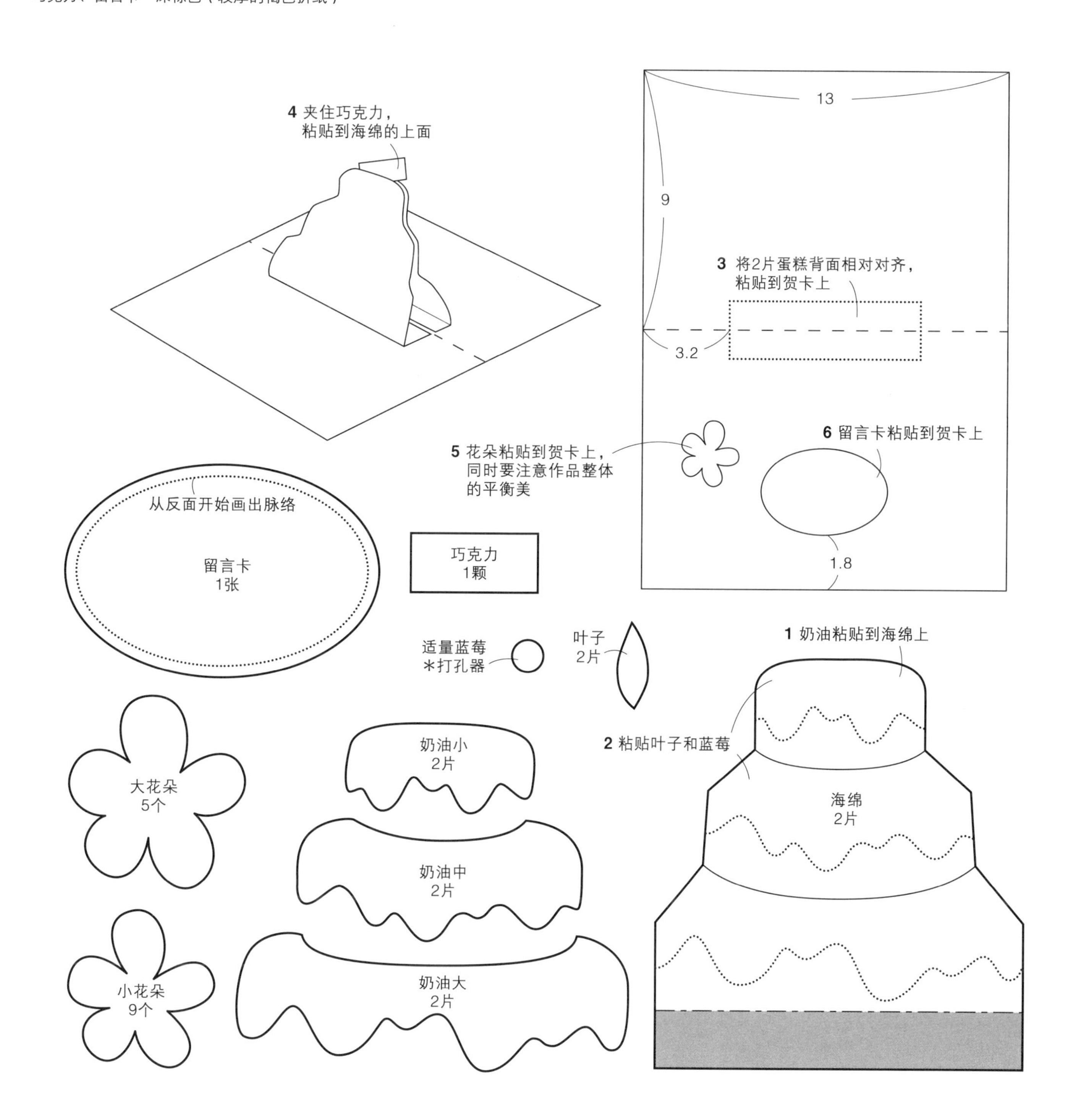

婚礼贺卡 p.42

材 料 贺卡的尺寸：16cm × 21cm（对折）
贺卡…彩色植绒纸（浅蓝色）
百合…彩色植绒纸（白色）
花蕊…丹迪纸（P–62）
叶子A…丹迪纸（L–62）
叶子B、C、藤蔓…丹迪纸（L–62）、彩色植绒纸（深绿色）

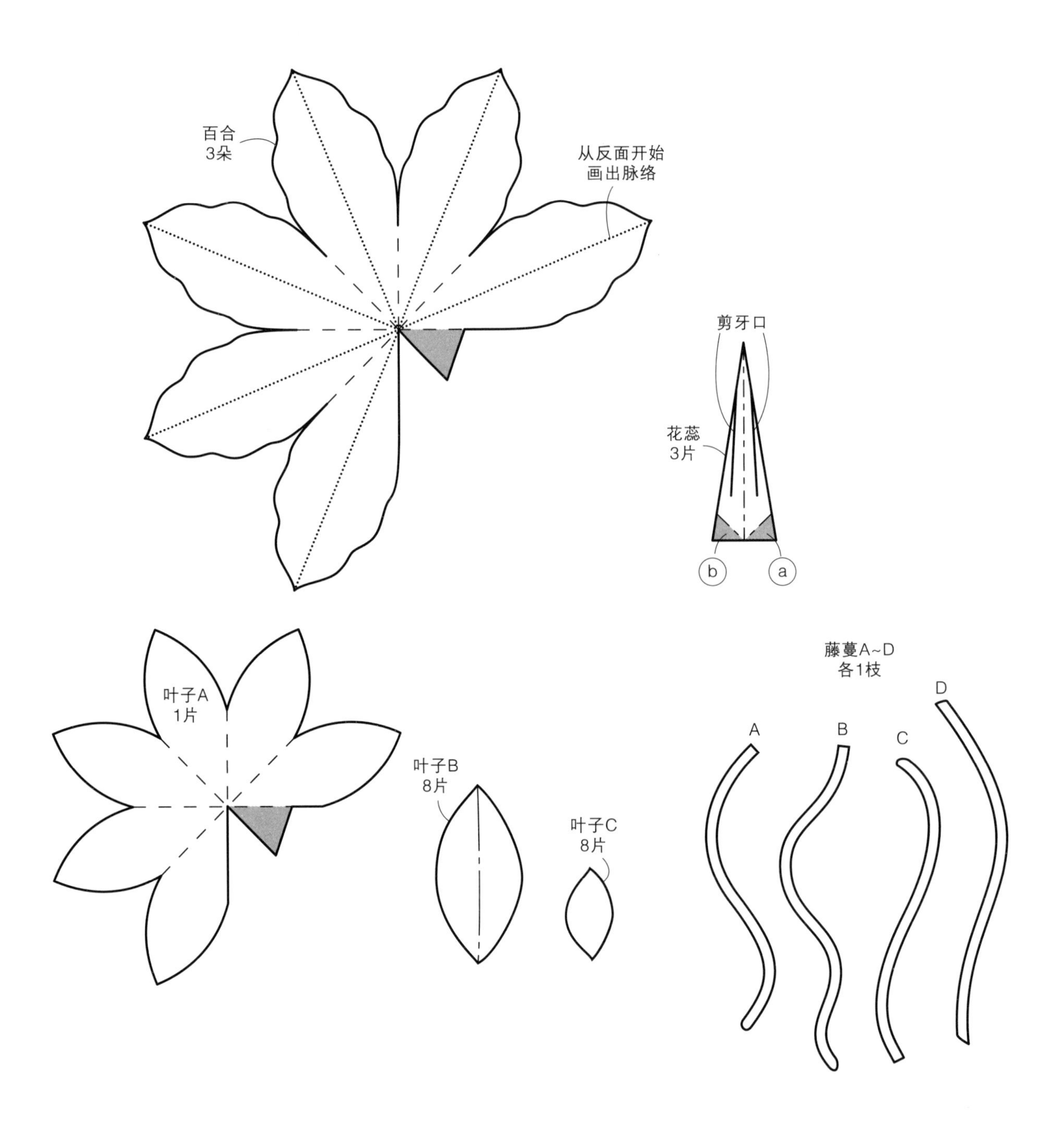

1 参照p.47，将百合的花瓣向外侧折出卷曲

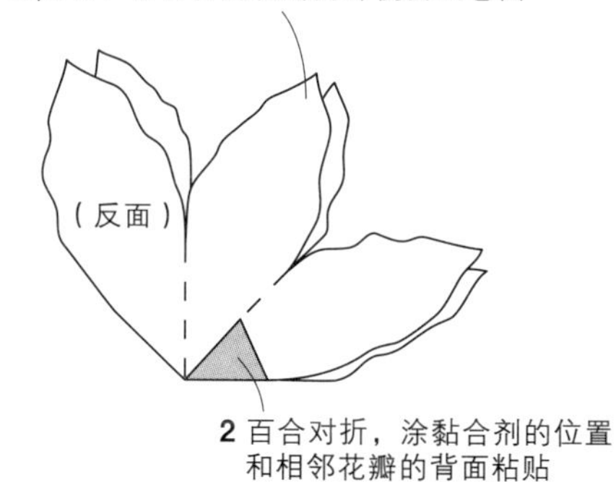

2 百合对折，涂黏合剂的位置和相邻花瓣的背面粘贴

3 花蕊轻轻地折出卷曲

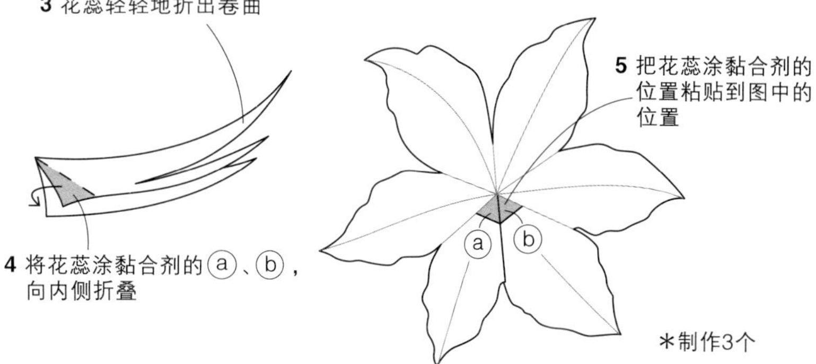

4 将花蕊涂黏合剂的ⓐ、ⓑ，向内侧折叠

5 把花蕊涂黏合剂的位置粘贴到图中的位置

＊制作3个

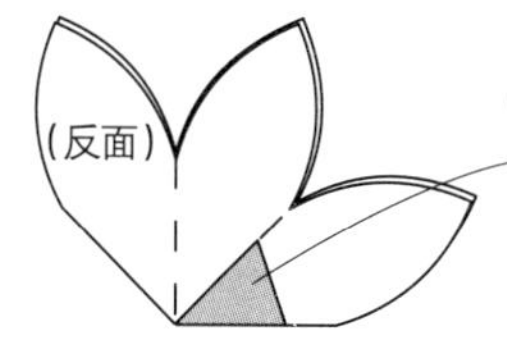

6 叶子A对折，涂黏合剂的位置和相邻花瓣的反面粘贴

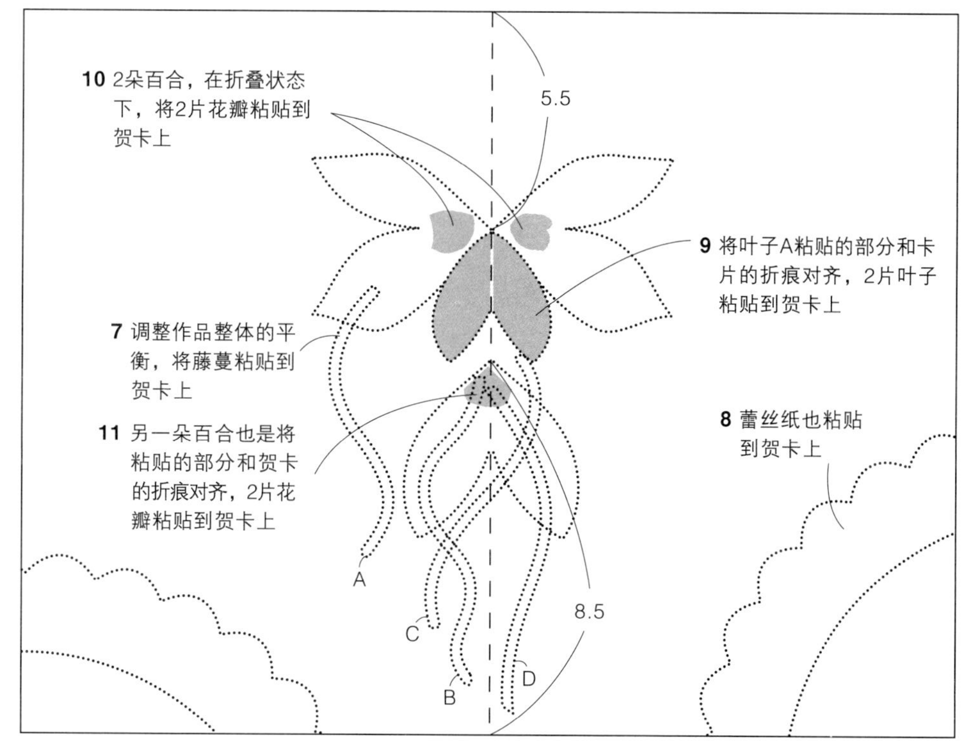

10 2朵百合，在折叠状态下，将2片花瓣粘贴到贺卡上

9 将叶子A粘贴的部分和卡片的折痕对齐，2片叶子粘贴到贺卡上

7 调整作品整体的平衡，将藤蔓粘贴到贺卡上

11 另一朵百合也是将粘贴的部分和贺卡的折痕对齐，2片花瓣粘贴到贺卡上

8 蕾丝纸也粘贴到贺卡上

12 粘贴百合花瓣和叶子A相连接的部分

13 观察作品整体的平衡，同时将叶子B、叶子C粘贴到贺卡上

婴儿鞋贺卡 p.43

材料

贺卡…彩色植绒纸（淡蓝色）
婴儿鞋…五感纸（奶油色）
留言卡…彩色植绒纸（樱花粉色）
花朵饰品…彩色植绒纸（天空蓝色）
蝴蝶…丹迪纸（L-58）
其他材料…宽 0.8cm 的缎带 10cm、宽 0.2cm 的缎带 15cm

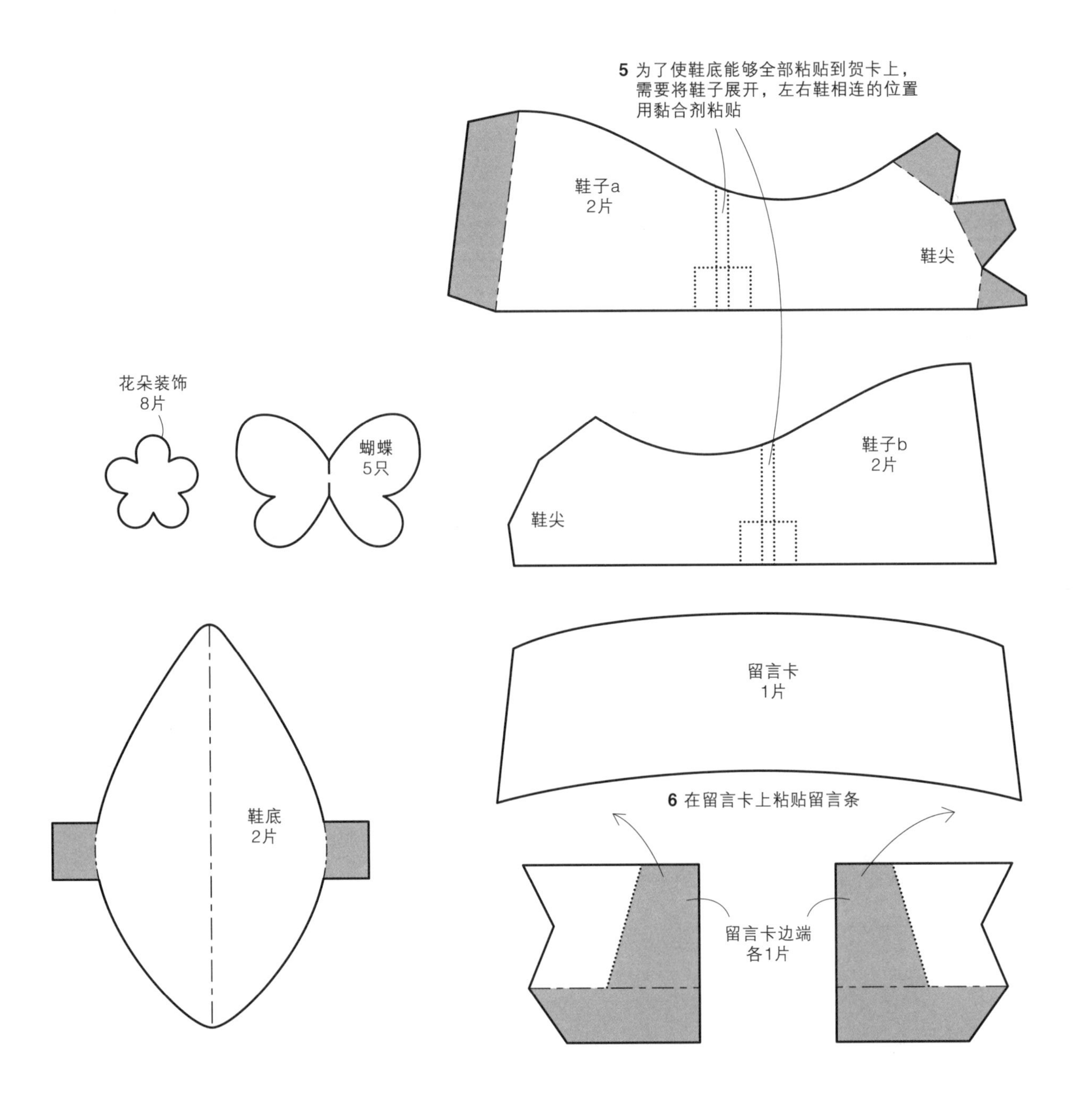

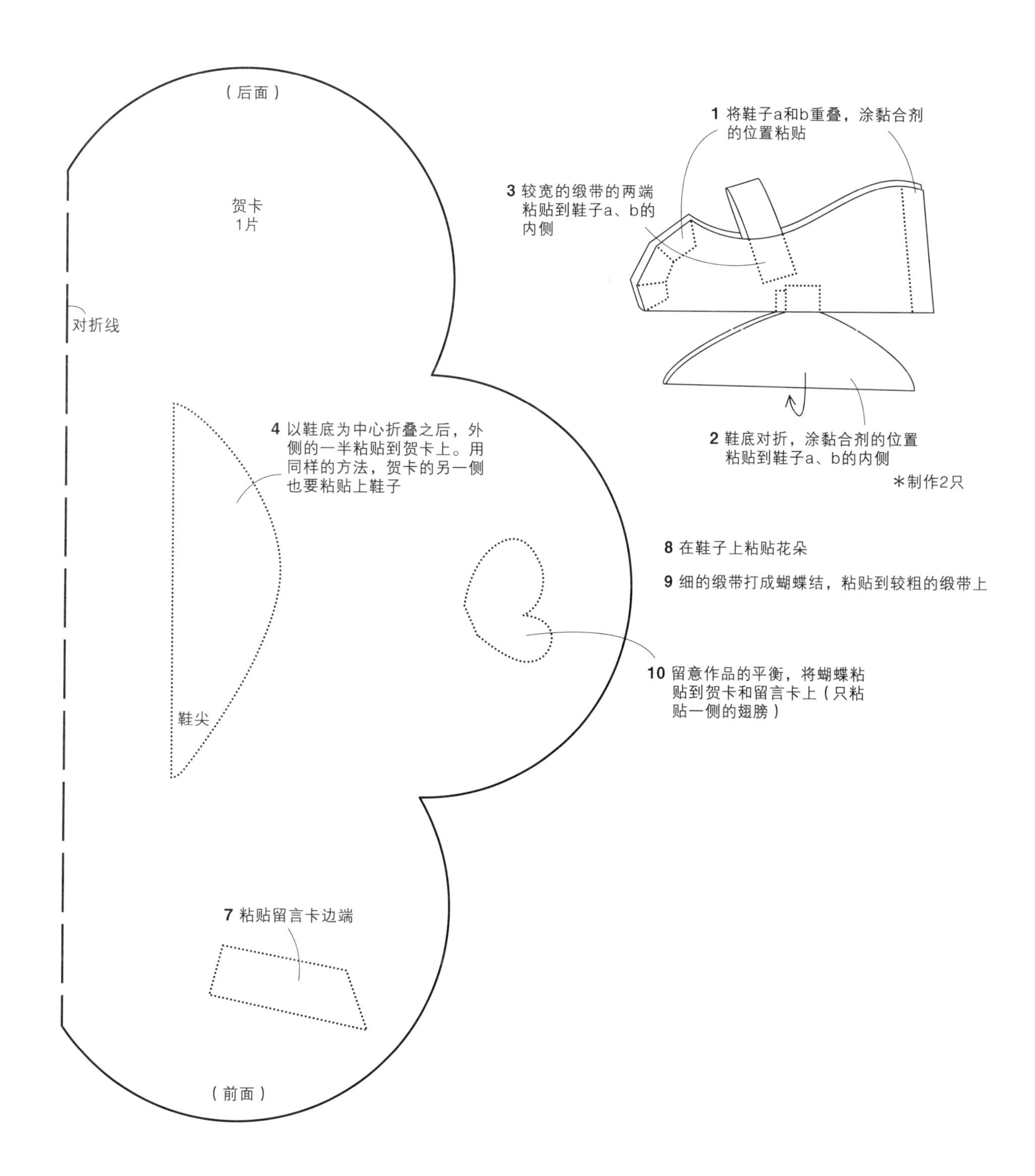
（后面）
贺卡
1片
对折线
4 以鞋底为中心折叠之后，外侧的一半粘贴到贺卡上。用同样的方法，贺卡的另一侧也要粘贴上鞋子
鞋尖
7 粘贴留言卡边端
（前面）
1 将鞋子a和b重叠，涂黏合剂的位置粘贴
3 较宽的缎带的两端粘贴到鞋子a、b的内侧
2 鞋底对折，涂黏合剂的位置粘贴到鞋子a、b的内侧
*制作2只
8 在鞋子上粘贴花朵
9 细的缎带打成蝴蝶结，粘贴到较粗的缎带上
10 留意作品的平衡，将蝴蝶粘贴到贺卡和留言卡上（只粘贴一侧的翅膀）

Photographers: YUKARI SHIRAI
Original Japanese edition published in Japan by NIHON VOGUE CO., LTD.,
Simplified Chinese translation rights arranged with BEIJING BAOKU INTERNATIONAL CULTURAL DEVELOPMENT Co., Ltd.

备案号：豫著许可备字-2018-A-0154

图书在版编目（CIP）数据

惟妙惟肖的立体花朵贺卡制作/(日)山本惠美子著；甄东梅译．—郑州：河南科学技术出版社，2020.10
ISBN 978-7-5725-0013-8

Ⅰ.①惟…　Ⅱ.①山…　②甄…　Ⅲ.①手工艺品-制作
Ⅳ.①TS973.5

中国版本图书馆CIP数据核字(2020)第154871号

山本惠美子

日本纸艺协会会长。曾供职于手工艺工厂，之后开始写作。经常评论精细、色彩均衡的手工作品，活跃于杂志、广告平台。著述颇丰，在日本宝库社、诚文堂新光社等出版多种图书。
http://y-ycreation.com/

出版发行：河南科学技术出版社
地址：郑州市郑东新区祥盛街27号　　邮编：450016
电话：（0371）65737028　65788613
网址：www.hnstp.cn
策划编辑：刘　欣
责任编辑：刘　瑞
责任校对：刘逸群
封面设计：张　伟
责任印制：张艳芳
印　　刷：北京盛通印刷股份有限公司
经　　销：全国新华书店
开　　本：889 mm×1 194 mm　1/16　印张：6　　字数：150千字
版　　次：2020年10月第1版　　2020年10月第1次印刷
定　　价：49.00元